机床夹具及应用

主　编　杨金凤　王春焱
参　编　苏　岷　蔡云松　刘墨涵
　　　　韩雄伟　曹素兵　刘权萍
主　审　武友德

北京理工大学出版社
BEIJING INSTITUTE OF TECHNOLOGY PRESS

内 容 简 介

本书共分为"课程认识""工件装夹概述""工件在夹具中的定位""工件的夹紧""分度机构和夹具体""专用机床夹具设计""现代机床夹具"7个教学单元。

除了基础单元部分外，每个单元内容均按照企业对夹具设计和选用的岗位能力要求，分析本单元承担的任务，选择合适的载体，并基于机床夹具设计的工作流程，将实际生产案例有机地融入教材中，做到课堂教学与生产实际的有机结合。

本书可以作为高等职业教育院校机械制造类专业学生用书，也可作为企业技术人员的参考资料。

版权专有　侵权必究

图书在版编目（CIP）数据

机床夹具及应用 / 杨金凤，王春焱主编 . —北京：北京理工大学出版社，2018.9（2025.1 重印）

ISBN 978 – 7 – 5682 – 6338 – 2

Ⅰ. ①机… Ⅱ. ①杨… ②王… Ⅲ. ①机床夹具 – 教材 Ⅳ. ①TG751.1

中国版本图书馆 CIP 数据核字（2018）第 211334 号

出版发行 / 北京理工大学出版社有限责任公司
社　　址 / 北京市海淀区中关村南大街 5 号
邮　　编 / 100081
电　　话 / （010）68914775（总编室）
　　　　　（010）82562903（教材售后服务热线）
　　　　　（010）68944723（其他图书服务热线）
网　　址 / http：//www.bitpress.com.cn
经　　销 / 全国各地新华书店
印　　刷 / 廊坊市印艺阁数字科技有限公司
开　　本 / 787 毫米 × 1092 毫米　1/16
印　　张 / 14.5　　　　　　　　　　　　　　　　　　　责任编辑 / 张旭莉
字　　数 / 341 千字　　　　　　　　　　　　　　　　　文案编辑 / 张旭莉
版　　次 / 2018 年 9 月第 1 版　2025 年 1 月第 5 次印刷　责任校对 / 周瑞红
定　　价 / 43.00 元　　　　　　　　　　　　　　　　　责任印制 / 李志强

图书出现印装质量问题，请拨打售后服务热线，本社负责调换

前　言

"机床夹具及应用"是机械制造类专业的一门主干课程。为建设好这门课程，我们利用示范建设这个有利时机，组建了课程开发团队。教材由四川工程职业技术学院杨金凤教授和王春焱老师担任主编，由四川工程职业技术学院武友德教授担任主审。

为了使"机床夹具及应用"课程符合高素质高技能的技术应用型人才的培养目标和专业相关技术领域职业岗位的任职要求，课程开发团队按照"行业引领、企业主导、学校参与"的思路，经过认真分析机械制造企业中机床夹具设计岗位的职业能力要求，制订了与企业对人才要求高度吻合的"课程教学质量标准"，依据本标准，明确课程内容，并按照企业相应岗位的工作流程对课程内容进行了整合。

本书归纳了"机床夹具及应用"课程的主要工作任务，选择合适的载体，以典型的机床夹具为主线，提出教材结构框架，构建主体学习单元。本书增加了大量的典型零件和夹具实例，增加了反映新知识、新技术和新方法的内容。从基本理论知识的学习到综合应用能力的培养，按照"从简单到复杂、从单一到综合"的思路，设计学习性工作任务，便于学生理解和学习。

本书共分为"课程认识""工件装夹概述""工件在夹具中的定位""工件的夹紧""分度机构和夹具体""专用机床夹具设计""现代机床夹具"7个教学单元。课程认识由杨金凤编写；教学单元2、7由苏岷编写；教学单元3由蔡云松和刘墨涵编写，教学单元4由王春焱和韩雄伟编写；教学单元5由曹素兵编写；教学单元6由曹素兵和刘权萍编写。

在编写过程中，四川工程职业技术学院阎宪武、赵晶文、郑立新老师审阅了该书并提供了大量的资料，同时四川机械工业数控技术应用与培训中心和四川工程职业技术学院技术中心的老师和技术人员给出了许多宝贵的经验，在此表示感谢！

该书涉及内容广泛，由于编者水平有限，难免出现错误和处理不妥之处，请读者批评指正。

编　者

目 录

教学单元 1　课程认识 …………………………………………………………… 1
 1.1　课程的性质和定位 …………………………………………………………… 1
 1.2　课程主要内容以及与其他课程的衔接 ……………………………………… 1
 1.3　教学与学习方法 ……………………………………………………………… 2

教学单元 2　工件装夹概述 ……………………………………………………… 3
 2.1　任务引入 ……………………………………………………………………… 3
 2.2　相关知识 ……………………………………………………………………… 3
  2.2.1　工件的装夹方法 ……………………………………………………… 3
  2.2.2　机床夹具的功能和作用 ……………………………………………… 6
  2.2.3　机床夹具的组成 ……………………………………………………… 8
  2.2.4　机床夹具的分类及设计要求 ………………………………………… 9
  2.2.5　机床夹具设计研究的内容 …………………………………………… 10
 2.3　任务实施 ……………………………………………………………………… 11
 习题与训练 ………………………………………………………………………… 11

教学单元 3　工件在夹具中的定位 ……………………………………………… 12
 3.1　任务引入 ……………………………………………………………………… 12
 3.2　相关知识 ……………………………………………………………………… 12
  3.2.1　概述 …………………………………………………………………… 12
  3.2.2　六点定位规则 ………………………………………………………… 15
  3.2.3　定位元件的选择与设计 ……………………………………………… 21
  3.2.4　定位误差分析计算 …………………………………………………… 39
  3.2.5　定位设计 ……………………………………………………………… 56
 3.3　任务实施 ……………………………………………………………………… 59
 企业专家点评 ……………………………………………………………………… 60
 习题与训练 ………………………………………………………………………… 60

教学单元 4　工件的夹紧 ………………………………………………………… 63
 4.1　任务引入 ……………………………………………………………………… 63
 4.2　相关知识 ……………………………………………………………………… 63
  4.2.1　夹紧装置的组成和基本要求 ………………………………………… 63
  4.2.2　夹紧力的三个要素 …………………………………………………… 65
  4.2.3　夹紧机构设计 ………………………………………………………… 75

  4.2.4 夹紧机构的动力系统 ·· 103
 企业专家点评 ··· 110
 习题与训练 ··· 111

教学单元 5 分度机构和夹具体 ··· 113
 5.1 任务引入 ··· 113
 5.2 相关知识 ··· 114
  5.2.1 分度装置 ·· 114
  5.2.2 夹具体设计 ·· 120
 企业专家点评 ··· 126
 习题与训练 ··· 127

教学单元 6 专用机床夹具设计 ··· 128
 6.1 专用机床夹具的设计方法和工艺性 ································· 128
  6.1.1 任务引入 ·· 128
  6.1.2 相关内容 ·· 129
  6.1.3 任务实施 ·· 134
 6.2 车床夹具设计 ·· 136
  6.2.1 任务引入 ·· 136
  6.2.2 相关知识 ·· 137
  6.2.3 任务实施 ·· 143
 6.3 铣床夹具 ··· 146
  6.3.1 任务引入 ·· 146
  6.3.2 相关知识 ·· 146
  6.3.3 任务实施 ·· 156
 6.4 钻床夹具 ··· 160
  6.4.1 任务引入 ·· 160
  6.4.2 相关知识 ·· 160
  6.4.3 任务实施 ·· 169
 6.5 镗床夹具 ··· 174
  6.5.1 任务引入 ·· 174
  6.5.2 相关知识 ·· 174
  6.5.3 任务实施 ·· 185
 企业专家点评 ··· 188
 习题与训练 ··· 189

教学单元 7 现代机床夹具 ··· 191
 7.1 任务引入 ··· 191
 7.2 相关知识 ··· 191
  7.2.1 组合夹具 ·· 192

7.2.2　成组夹具 …………………………………………………… 196
   7.2.3　通用可调夹具 ……………………………………………… 197
   7.2.4　拼拆式夹具 ………………………………………………… 198
   7.2.5　自动线夹具 ………………………………………………… 199
   7.2.6　数控机床夹具 ……………………………………………… 200
  企业专家点评 ………………………………………………………… 208
  习题与训练 …………………………………………………………… 208

附录 ………………………………………………………………… 209

   附录1　定位夹紧符号的标注 ……………………………………… 209
   附录2　机床联系尺寸 ……………………………………………… 210
   附表3　常用夹具元件的公差配合 ………………………………… 212
   附表4　常用定位元件配合举例 …………………………………… 213
   附录5　固定式定位销（GB/T 2203—1991）……………………… 216
   附录6　麻花钻的直径公差 ………………………………………… 217
   附录7　扩孔钻的直径公差 ………………………………………… 217
   附录8　铰刀的直径公差 …………………………………………… 217
   附录9　快换钻套（GB/T 2265—1991）…………………………… 218
   附录10　定位键（GB/T 2206—1991）…………………………… 219
   附录11　常用定位元件的材料及热处理 …………………………… 219

参考文献 …………………………………………………………… 221

教学单元 1

课程认识

≫ 学习要求与重点

通过本教学单元的学习，了解本课程在机械制造中的重要地位，了解本课程的基本理论知识以及与其他课程的衔接，基本懂得学习方法。

1.1 课程的性质和定位

高职高专机械制造类专业，主要面向的是机械制造企业的机械零件加工、零件制造工艺与工艺装备设计、产品装配与调试等岗位，培养高素质高技能型技术应用型人才。

在现代机械制造企业中，机床夹具是一种不可缺少的工艺装备，它直接影响着零件的加工精度、生产效率和产品的制造成本等。机床夹具设计是一项重要技术工作，它是各机械制造企业新产品开发、老产品改进和工艺更新过程中的一项重要生产技术准备工作。机床夹具设计与选用的相关知识，是每一个从事机械制造的技术人员和操作人员必须掌握的基本技术知识，在机械制造行业占有极其重要的地位。

"机床夹具及应用"课程是职业能力必修课，该课程以机床夹具为主要研究对象，其培养目标就是要围绕机械制造企业对技术人员与操作工人在工装夹具设计和选用、零件装夹和校正等方面的能力要求，使学生掌握机床夹具设计和选用的基本理论知识、方法和过程，使学生具备分析和解决机床夹具设计和选用实际问题的能力。

1.2 课程主要内容以及与其他课程的衔接

"机床夹具及应用"课程是机械制造类专业一门主干专业课程，其培养目标就是要围绕机械制造岗位的能力要求，强化机床夹具设计及应用，使学生具备分析和解决生产过程中一般技术问题的能力。

学生通过学习"机床夹具及应用"课程，将学习到机床夹具设计的基本理论和知识，包括：零件定位原理与定位元件的选用、定位误差分析、夹紧机构的设计、各类机床夹具结构特点与设计等几个方面的内容。

本门课程的学习涉及到机械设计基础、机械制图、零件几何量检测等知识，因此要求学生已学习过机械制图、机械零件设计、公差与配合、机械制造技术基础、机床设备、液压气动传动基础等相关知识，并且该课程的知识在机械制造技术基础、机械加工工艺也有很多的应用与交叉。所以说该课程是机械制造类专业重要的专业课程，既有非常强的实用价值，又是学习后续机械加工工艺等主干专业课程的基础支承，只有学好该门课程才能保障该类专业其它课程的学习，才能保证专业培养目标的实现。

1.3　教学与学习方法

由于该门课程理论与实践要求都很高，所以必须强化理论与实践的有机结合，要充分利用行业、企业优势，大力推行"校企合作、工学结合"的教学模式，做到理论与实践并重，强化应用能力的培养。

教师教学方法：

1. 采取任务驱动的教学模式。
2. 完善实践教学资源，开发多种教学手段。
3. 引入企业典型案例，理论联系实际开展教学。

学生学习方法：

1. 了解该门课程的重要性。
2. 重视该门课程，端正学习态度。
3. 强化理论钻研，拓展相关知识面。
4. 深入实验室认真做好实验。
5. 深入校内生产实训基地，全面了解企业生产过程，切实了解各类机床夹具在生产中的成功应用。

教学单元 2

工件装夹概述

▶ 学习要求与重点

通过本教学单元的学习,掌握工件找正装夹法和夹具装夹法;认识机床夹具的功能、作用、组成和分类;初步懂得如何看夹具装配图并分析夹具组成、结构。了解本课程的主要任务和内容。重点是理论联系实际,理解保证工作加工位置精度与装夹的关系,掌握找正装夹和夹具装夹方法。

2.1 任务引入

如图 2-1(a)所示后盖零件钻径向孔工序图,要求钻后盖径向上的 φ10 mm 孔,其钻床夹具如图 2-1(b)所示。要求分析其夹具结构组成,各部分的主要功能和作用。

图 2-1 后盖钻夹具
(a)后盖零件钻径向孔零件图;(b)后盖钻夹具
1—快换钻套;2—钻模板;3—夹具体;4—支承板;5—圆柱销;6—开口垫圈;7—螺母;8—螺杆;9—菱形销

2.2 相关知识

2.2.1 工件的装夹方法

在机床上对工件进行加工时,为了保证加工表面相对其他表面的尺寸和位置精度,首先需要使工件相对于机床占有正确的位置,并在加工过程中能承受各种力的作用而始终保持这一准确位置不变。

为了保证机床、工件、刀具的正确位置,在生产中常用以下两种装夹方法。

1. 找正装夹法

找正是用工具(和指示表)根据工件上有关基准,找出工件在划线、加工时的正确位置的过程。用找正方法装夹工件称为找正装夹。找正装夹又可分为直接找正装夹和划线找正装夹两种方法。

1)直接找正装夹

直接找正法装夹是利用指示表、划针或目测等方法在机床上直接找正工件加工面的工序基准使其获得正确位置的装夹方法。这种方法的装夹精度和找正的快慢取决于工人的技术水平和工序基准的精度。一般来说,直接找正装夹法的装夹精度较高,但此法生产率较低,对工人的技术水平要求高,所以一般只用于单件小批生产中。

磨削如图2-2所示导套,在内圆磨床上磨削 $\phi32H7$ 内孔,并保证 $\phi32H7$ 与 $\phi45r6$ 两轴心线的同轴度要求为 $\phi0.012\,\text{mm}$,加工时的装夹、找正方法如图2-2(b)所示。可将工件装在四爪卡盘上,缓慢回转磨床主轴,用指示表直接找正外圆表面,使外圆的轴心线与磨床主轴回转中心重合,工件获得正确位置。

图 2-2 找正外圆

(a) 导套;(b) 工件的找正

又如图2-3所示,在牛头刨床上加工一通槽零件如图2-3(a)所示,将工件直接放置在牛头刨床的工作台上,在牛头刀夹上安置一块指示表,通过牛头滑枕前后运动用指示表按零件侧面进行找正,使该侧面与牛头刨床的进给运动方向平行,找正后再夹紧工件进行刨槽加工,以保证加工后的通槽与该侧面的平行度。

图 2-3 找正侧面

(a) 工件;(b) 刨床上直接找正示意图

2）划线找正装夹

此法是用划针根据毛坯或半成品上所划的线为基准找正它在机床上正确位置的一种装夹方法。如图2-4所示，在铣削连杆状零件的上下两平面时，若零件批量不大，则可在机用虎钳中，按预先在零件侧边划出的加工线痕（或直接按毛坯端面），用划针进行找正。其方法是：沿工件四周移动划针，检视上表面所划线痕对划针针尖的偏离情况。然后轻轻敲击工件进行校正，直至加工线各处均与划针针尖对准为止。然后将工件完全夹紧，再重复校验一次，以检查找正好的正确位置有没有因夹紧而变化。若发生了变化，则需重新找正装夹。

图2-4 在机用虎钳上找正和装夹连杆状零件

由于划线既费时，又需技术水平高的划线工，划线找正的定位精度也不高，所以划线找正装夹只用在批量不大、形状复杂而笨重的工件，或毛坯的尺寸很大而无法采用夹具装夹的工件。

2. 用夹具装夹

夹具是用以装夹工件的工艺装备。它广泛用于切削加工、热处理、装配、焊接和检测等工艺过程中。在金属切削机床上使用的夹具称为机床夹具。用夹具装夹工件操作方便，工件的定位精度也较高。

采用夹具装夹法对工件进行加工时，为了保证工件加工表面相对其他有关表面的尺寸和位置精度，必须满足下述3个条件。

（1）工件在夹具中占据正确的位置。

（2）夹具在机床上占据正确的位置。

（3）夹具相对刀具保持正确的位置。

如图2-5（a）所示短销工件，铣键槽时要控制的键槽尺寸为：深度尺寸$24_{-0.10}^{0}$mm，长度尺寸$80_{-0.12}^{0}$mm，键槽与轴心线的平行度是0.1 mm，对称度是0.2 mm。其铣床夹具如图2-5（b）所示，工件以外圆$\phi60_{-0.03}^{0}$mm和一端面C在V形块6及圆柱销7上定位，保证工件在夹具中占据正确位置。操纵液压阀（图中未画出）使液压油由油缸下腔进入，活塞向上移，通过压板4便可夹紧工件。

为了保证加工精度，加工前将夹具体1放在卧式铣床工作台上，定向键8嵌入与纵走刀方向平行的工作台中央T形槽内，并用T形螺栓压紧，使夹具在机床上占据正确的位置，然后用对刀塞尺调整直角对刀块5与三面刃铣刀间的相对位置，使刀具相对夹具保持正确的位置，如图2-6所示。

图 2-5 铣键槽工件的装夹

（a）短销；（b）铣键槽夹具

1—夹具体；2—活塞；3—油缸；4—压板；5—对刀块；6—V形块；7—圆柱销；8—定向键

图 2-6 夹具与机床、刀具间的关系

又如，在大批生产的条件下，加工如图 2-7（a）所示的垫板上的两个孔，要求两孔的位置尺寸为 A、B 及 L，并与底面 C 垂直。其夹具如图 2-7（b）所示，工件在夹具中所占据的正确位置是由 4 个支承板 1 及 3 个支承钉 2 确定，并用螺钉 4 夹紧。当采用专用双轴钻床同时加工工件两孔时，应先用定向键 3 使夹具在机床上占有正确的位置。若改用摇臂钻床钻孔，夹具安装在机床的工作台上后，在钻孔时直接靠钻套来保证夹具相对刀具的位置就可以了。

2.2.2 机床夹具的功能和作用

一、机床夹具的功能

机床夹具的主要功能是定位和夹紧。然而，由于各类机床加工方式的不同，有的机床夹具还有对刀、导向、分度等特殊功能。

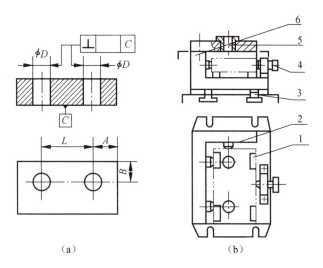

图 2-7　钻孔工件的装夹

（a）垫板；（b）钻孔夹具

1—支承板；2—支承钉；3—定向键；4—螺钉；5—钻套；6—夹具体

1. 机床夹具的主要功能

（1）定位。确定工件在夹具中或机床上占有正确位置的过程。正确的定位可以保证工件加工面的尺寸和位置精度要求。

（2）夹紧。工件定位后将其固定，使其在加工过程中保持定位位置不变的操作。由于受到各种力的作用，工件在加工时如不将工件夹紧，工件会松动而不能保证加工精度。

从定位到夹紧的整个过程，称为装夹。

2. 机床夹具的特殊功能

（1）对刀。保证刀具切削刃相对于工件或夹具的正确位置，如铣床夹具中的对刀块，它能迅速确定铣刀相对于夹具的正确位置。

（2）导向。如钻床夹具中的钻套，能迅速确定钻头的位置，并引导其进行钻削。

（3）分度。工件一次装夹后，在加工过程中进行分度。

二、机床夹具的作用

在机械加工中，使用机床夹具的目的主要有以下几个方面。

1. 保证工件的加工精度、稳定产品质量

机床夹具在机械加工中的基本作用就是保证工件的相对位置精度。由于采用了能直接定位的夹具，因此可以准确地确定工件相对于刀具和机床切削成型运动中的相互位置关系，不受或少受各种主观因素的影响，可以稳定可靠地保证加工质量。

2. 提高劳动生产率和降低加工成本

提高劳动生产率、降低单件时间定额的主要技术措施是增大切削用量和压缩辅助时间。采用机床夹具，既可以提高工件加工时的刚度，有利于采用较大的切削用量，又可以省去划线找正等工作，使安装工作的辅助工时大大减小，因此能显著地提高劳动生产率和降低成本。由于采用与生产规模相适应的夹具，使产品质量稳定，废品大大减少，劳动生产率提高，可使用低技术等级工人等，皆可以大大降低加工成本。

3. 扩大机床工艺范围和改变机床用途

在单件小批生产的条件下，为解决工件的种类、规格较多，而机床的数量品种却有限的矛盾，可设计制造专用夹具，使机床"一机多用"。例如，在普通铣床上安装专用夹具，可以铣削成形表面；在车床上使用专用夹具，可将其回转运动改变为直线往复运动；如果在车床床鞍上安装镗模，又可进行箱体孔系加工等。

4. 改善工人劳动条件

使用专用夹具安装工件，定位方便、迅速，夹紧可采用增力、机动夹紧机构等装置，因此可以减轻工人的劳动强度，还可设计保护装置，确保操作者安全。例如，如图 2-5 所示夹具，只要操纵液压阀便可完成压紧或松开动作。采用夹具后工件的装卸显然比不用夹具时方便、省力、安全。

5. 在流水线生产中便于平衡生产节拍

工艺过程中，当某些工序所需工序时间特别长时，可以采用多工位或高效夹具等，以提高生产效率，使生产节拍能够比较平衡。

2.2.3 机床夹具的组成

根据机床夹具的作用，其结构主要由以下几部分组成。

一、机床夹具的基本组成部分

虽然夹具的结构不同，但其基本组成部分都有定位元件（或定位装置）、夹紧装置和夹具体三大部分。

1. 定位元件

定位元件是夹具的主要功能元件之一，用于确定工件在夹具中的正确位置。如图 2-5 中的 V 形块 6 和圆柱销 7，图 2-7 中的支承板 1 和支承钉 2 等都是定位元件。

2. 夹紧装置

夹紧装置也是夹具的主要功能元件之一，用于夹紧工件，使工件在受到外力作用后仍能保持其既定位置不变。如图 2-5 中的压板机构和图 2-7 中的螺钉 4。

3. 夹具体

夹具体是夹具的基本骨架，通过它将夹具所有元件连成一个整体。如图 2-5 中的夹具体 1 和图 2-7 中的夹具体 6。常用的夹具体为铸铁结构、锻造结构、焊接结构，形状有回转体形和底座形等。

二、机床夹具的其他组成部分

1. 对刀元件与引导元件

对刀元件与引导元件用于确定刀具的位置或引导刀具，使其与夹具的定位元件保持某一正确的相对位置关系。对刀元件常见于铣床夹具的对刀，如图 2-5 中的对刀块 5。引导元件主要指钻模的钻套，镗模的镗套等，它们确定刀具的位置并引导刀具进行切削，如图 2-7 中的钻套 5。

2. 连接元件

用于保证夹具与机床间相对位置的元件。如图 2-5 中的定向键 8 和图 2-7 中的定向键 3 等。连接元件有两种形式：一种是安装在工作台上的，另一种是安装在机床主轴上的。

3. 其他元件及装置

根据工件的加工要求，某些夹具具有分度装置、靠模装置、工件的抬起装置等。

2.2.4　机床夹具的分类及设计要求

一、机床夹具的分类

1. 按夹具的通用特性分类

（1）通用夹具。指已经标准化的，在一定范围内可用于加工不同工件的夹具。例如，车床上的三爪和四爪卡盘、顶尖和鸡心夹头；铣床上的平口钳、分度头和回转工作台等。它们有很大的通用性，一般已标准化，由专业工厂生产，并作为机床附件供给用户。这类夹具主要用于单件、小批量生产。

（2）专用夹具。指专为某一工件的某道工序而专门设计的夹具。专用夹具结构紧凑、操作方便，采用各种省力机构或动力装置，可以保证较高的加工精度和生产效率。但是，专用夹具需根据工件的加工要求自行设计与制造，周期长、费用高，产品一旦变更只能"报废"，因而只适用于产品固定且产量较大的生产中。如图 2-1、图 2-5 和图 2-7 所示都是专用夹具。

（3）可调夹具。指根据不同尺寸或种类的工件，夹具的某些元件可调整或更换，以适应多种工件加工的夹具。它的通用范围较大，适用于多品种、小批量生产。

（4）成组夹具。指专为加工某一族（组）零件而设计的可调夹具。经过调整（如更换、增加一些元件）夹具可以用来装夹一组零件。

（5）组合夹具。指按某一工件中的某道工序的加工要求，由一套事先制造好的标准元件和部件组装而成的专用夹具。这种夹具拆卸后可重新组装新夹具，故具有组装迅速、周期短、能反复使用的特点，适用于单件、小批量生产，在新产品试制和数控加工中，是一种比较经济的夹具。

（6）自动化生产用夹具。自动化生产用夹具主要分自动线夹具和数控机床用夹具两大类。自动线夹具有两种：一种是固定式夹具，另一种是随行夹具。数控机床夹具还包括加工中心用夹具和柔性制造系统用夹具。随着制造的现代化，在企业中数控机床夹具的比例正在增加，以满足数控机床的加工要求。

2. 按使用夹具的机床分类

这是专用夹具的分类方法，可分为车床夹具、铣床夹具、钻床夹具、刨床夹具、镗床夹具、磨床夹具及拉床夹具等。

3. 根据夹具所采用的夹紧动力源分类

可分为手动夹具、气动夹具、液压夹具、电磁夹具、真空夹具、自夹紧夹具（靠切削力本身夹紧）等。

二、机床夹具的设计要求

1. 机床夹具的设计特点

机床夹具设计与其他装备设计比较，有较大的差别，主要表现在以下 5 个方面。

（1）要有较短的设计和制造周期。一般没有条件对夹具进行原理性试验和复杂的计算工作。

（2）夹具的精度一般比工件的精度高 2~3 倍。

（3）夹具和操作工人的关系特别密切，要求夹具与生产条件和操作习惯密切结合。

（4）夹具在一般情况下是单件制造的，没有重复制造的机会。通常要求夹具在投产时一次成功。

（5）夹具的社会协作制造条件较差，特别是商品化的元件较少。设计者要熟悉夹具的制造方法，以满足设计的工艺性要求。

显然，注意这些问题是很重要的。这将有利于保证夹具的设计、制造质量。

2. 机床夹具的设计要求

设计夹具时，应满足下列 4 项基本要求。

（1）保证工件的加工精度要求，即在机械加工工艺系统中，夹具要满足以下 3 项要求：工件在夹具中的正确定位；夹具在机床上的正确位置；刀具的正确位置。

（2）保证工人的操作方便、安全。

（3）达到加工的生产率要求。

（4）满足夹具一定的使用寿命和经济性要求。

2.2.5 机床夹具设计研究的内容

一、本课程的任务

本课程的任务主要有以下几点。

（1）掌握机床夹具的基础理论知识和设计方法，能对机床夹具进行结构和精度分析。

（2）会查阅有关夹具设计的标准、手册、图册等资料。

（3）掌握机床夹具设计的方法，具有设计一般夹具的能力。

（4）具有现代机床夹具设计的有关知识。

二、本课程的主要内容

为了根据被加工工件的工序要求，设计出确保加工质量和效率、操作方便和经济实用的夹具，必须深入研究如下主要内容。

（1）工件的定位。主要内容是：工件定位的原理，常用定位元件的设计以及典型定位方式定位误差的分析和计算。

（2）工件的夹紧。主要内容是：夹紧力确定的基本原则，基本夹紧机构的设计和选用，夹具动力装置的应用。

（3）分度装置和夹具体。主要内容是：夹具体的结构设计，分度装置的结构和分度对定机构的设计。

（4）专用机床夹具的设计。主要内容是：在归纳一般夹具设计的共同规律的基础上，阐述专用夹具的设计方法和步骤。重点说明夹具总图上尺寸、公差配合、技术要求的标注方法，各类典型机床夹具，主要讲解卧式车床、万能卧式铣床、钻床、镗床上所使用夹具的结构特点、设计要点和设计实例。

（5）现代机床夹具。主要介绍通用可调夹具、成组夹具、组合夹具、拼装夹具、自动线夹具和数控机床夹具的结构特点。

2.3 任务实施

后盖钻夹具如图2-1（b）所示，该夹具通过夹具体底面使用压板夹紧在钻床工作台上。加工时，工件在夹具中的正确位置靠支承板4、圆柱销5和菱形销9保证。转动螺母7，压下开口垫圈6夹紧工件，以保证工件的正确位置不变。

该钻床夹具主要由以下几个部分组成。

（1）定位元件。定位方式采用一面两销定位，它包括支承板4、圆柱销5和菱形销9，用于确定工件在夹具中的正确位置，保证钻孔的位置正确。

（2）夹紧装置。夹紧装置采用螺旋夹紧机构夹紧，它包括螺母7、螺杆8、垫圈6，用于夹紧工件。

（3）对刀或导向装置。快换钻套1和钻模板2组成导向装置，确定了钻头轴线相对定位元件的正确位置。

（4）夹具体。夹具体3是该夹具的基本元件，用于连接夹具各元件及装置。

习题与训练

2-1 定位、夹紧的定义是什么？
2-2 试举例说明机床夹具的定位功能。
2-3 机床夹具由哪几个部分组成？每个组成部分有何作用？
2-4 试比较通用夹具、专用夹具、组合夹具、可调夹具的特点及其应用场合。
2-5 机床夹具的设计的特点和要求是什么？

教学单元 3

工件在夹具中的定位

▶ 学习要求与重点

通过本教学单元的学习，认识基准的概念及定位基准的选择原则，理解六点定位规则并能灵活应用，会分析限制工件自由度与加工技术要求的关系，掌握定位元件种类得选择和参数的确定，会分析组合定位限制自由度情况；掌握定位误差的分析、计算方法。重点一是灵活应用六点定位规则分析限制工件自由度与加工技术要求的关系；二是如何使用《机床夹具手册》选择定位元件种类并确定其参数；三是会分析、计算定位误差。

3.1 任务引入

如图 3-1 所示支架零件，加工 $\phi 9H7$ 的孔，其余各面已加工好。大批量生产时要设计钻床夹具钻、铰 $\phi 9H7$ 孔，夹具设计时应该用什么方式定位才能保证孔 $\phi 9H7$ 与孔 $\phi 8H7$ 的距离尺寸在 20 ± 0.05 mm 并保证孔的轴心线与面 B 的垂直度误差不超过 $\phi 0.05$ mm。

图 3-1 支架

3.2 相关知识

3.2.1 概　　述

一、工件在夹具中定位的任务

在机械加工中，必须使机床、刀具、夹具、工件之间，保持正确的相互位置，才能加工出合格的工件。这种正确的相互位置关系,是通过夹具在机床上的定位、刀具在机床上定位和工件在夹具中的定位来实现的。因此,工件在夹具中的定位,就是使一批工件在夹具静止状态下,通过工件定位基面与定位元件的支承面接触,使工件相对于机床、刀具占有一个一致的、正确的加工位置的过程。

二、基准的概念

工件在夹具中定位是通过工件的定位基面和定位元件的支承面接触和配合实现的。在介绍定位原理之前,先了解一些基准的基本知识。

从工艺课程知道,基准是用来确定生产对象上几何要素间的几何关系所依据的那些点、线、面。基准按照其功用不同,分为设计基准和工艺基准,工艺基准又包含工序基准、定位基准、测量基准和装配基准。这里仅讨论夹具设计中直接有关的设计基准、工序基准和定位基准。

1. 设计基准

在设计图样上用以标注尺寸或确定表面相互位置的基准称为设计基准。如图3-2所示导套,外圆柱面径向圆跳动和肩面圆跳动的设计基准是内孔 ϕ30H7 的中心线,端面 B、C 的设计基准是端面 A,ϕ30H7 内孔和 ϕ40h6 外圆柱面的设计基准分别是它们自己的轴心线。

图 3-2 导套

2. 工序基准

在工序图上,用以标注本工序被加工表面加工后的尺寸、形状、位置的基准称为工序基准。其所标注的加工面位置尺寸称为工序尺寸。

如图3-3(a)中,A 为加工表面,本工序要求保证 A 面对下素线 B 的距离尺寸 h,B 为本工序的工序基准。

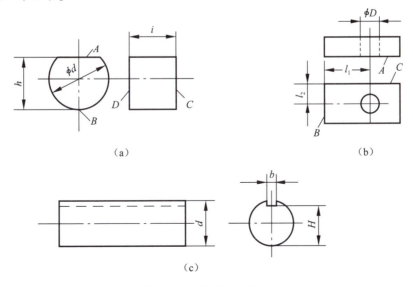

图 3-3 工件的工序基准

工序基准有时不止一个，工序基准的数目取决于本工序的加工表面数量以及加工面与多少个面的位置要求。如图3-3（b）中，ϕD孔为加工表面，要求其中心线与A面垂直，对B面、C面的距离尺寸分别为l_1、l_2，则本工序的工序基准为A、B、C三个表面。

工序基准可以是工件上的实际表面（或点、线），也可以是对称面、对称线、几何中心等。如图3-3（c）所示，键槽两侧面的工序基准是轴的轴向对称面。

3. 定位基准

在加工时工件上用作定位的基准称为定位基准，其作用是确定工件在夹具中或机床上的正确位置。定位基准分为精基准和粗基准，以已经加工过的表面作为定位基准时，该定位基准称为精基准。以工件毛坯上未经加工的表面作为定位基准时，该定位基准称为粗基准。

如图3-4（a）所示，在槽口的加工工序中，零件以内孔在心轴上定位，孔的轴心线O就是定位基准；如图3-4（b）所示，若以外圆柱面在支承板上定位，则下素线B为该工序的定位基准。

又如图3-5所示，在孔的加工工序中，零件以平面在支承钉上定位，平面A、B、C就是定位基准。

这里要特别强调的是，定位是通过工件上的定位基面与夹具上的定位支承接触实现的，而定位基面和定位基准又是两个不同的概念。定位基准是确定工件加工表面在夹具中的正确位置所依据的点、线、面，而定位基面是指工件定位时与夹具的定位元件接触的表面。如图3-4（a）所示，定位基准是工件内孔的中心线，而定位基面是内孔表面。如图3-4（b）所示，定位基准是外圆的下素线，而定位基面是外圆表面。

图3-4 凸凹模定位基准
（a）零件以心轴定位；（b）零件以支承板定位

图3-5 工件的定位基准

定位基准的选择是否合理，直接影响加工精度和夹具的结构，下面简单介绍定位基准的选择原则。

（1）尽量使工件的定位基准与工序基准重合，以避免产生基准不重合误差。但若两基准重合后，会使夹具结构复杂或工件定位不稳定，则应另选定位基准，此时必须计算和控制基准不重合误差。

（2）尽量用已加工面作为定位基准，以保证有足够的定位精度。当不得不采用毛面作定位基准（第一道工序）时，应尽量只使用一次，而且应选用误差小、粗糙度值小、余量小的表面或与加工面有直接关系的表面作为定位基准，以保证加工精度。

(3) 应使工件安装稳定,使在加工过程中因切削或夹紧力引起的变形最小。

(4) 尽可能使工件加工的各工序采用同样的定位基准,即遵守基准统一原则,以减少设计和制造夹具的时间和费用。但因此而造成夹具结构复杂时,则不必强求定位基准统一。

(5) 应使工件定位方便,夹紧可靠,便于操作,夹具结构简单。

3.2.2 六点定位规则

一、工件的自由度

工件位置变动的可能性,习惯上称为自由度。没受到任何约束的工件,在空间直角坐标系中,共有 6 个自由度。即它既能沿 x、y、z 三个坐标轴移动,称为移动自由度,分别表示为 $\vec{x}$、$\vec{y}$、$\vec{z}$;又能绕 x、y、z 三个坐标轴转动,称为转动自由度,分别表示为 $\hat{x}$、$\hat{y}$、$\hat{z}$,如图 3-6 所示。

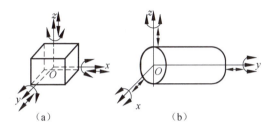

图 3-6 工件的 6 个自由度
(a) 矩形工件;(b) 圆柱形工件

二、工件定位原理

定位的目的就是限制自由度。要使工件在某一方向上定位,就要限制该方向的自由度。夹具设计最重要的任务就是在一定精度范围内将工件定位。工件的定位就是使一批工件每次放置在夹具中都能占据同一位置。

1. 六点定位规则

通常是在直角坐标系中,按照一定的原则,合理地设置支承点,限制工件的自由度,如图 3-7 所示。在 xOy 平面内,设置 3 个支承点 1、2、3,限制工件的 3 个自由度:$\vec{z}$、$\hat{x}$、$\hat{y}$。在 xOz 平面内,设置两个支承点 4、5,限制工件的两个自由度:$\vec{y}$、$\hat{z}$。在 yOz 平面内,设置一个支承点 6,限制工件的最后一个自由度:$\vec{x}$。

由上可知,如果一个自由刚体在空间有一个确定的位置,就必须设置相应的 6 个支承点,分别限制刚体的 6 个自由度。在讨论工件的定位时,工件就是所指的自由刚体。如果对工件的 6 个自由度都加以限制,工件在

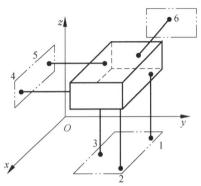

图 3-7 限制工件的自由度

空间的位置也就完全被确定下来了。因此,定位实质上就是限制工件的自由度。

分析工件定位时,通常是用一个支承点限制工件的一个自由度。用合理设置的6个支承点限制工件的6个自由度,使工件在夹具中的位置完全确定,此定位基本原理称为"六点定则"。

1) 六面几何体的定位

在如图3-8(a)所示的矩形工件上铣削半封式矩形槽时,定位布置如图3-8(b)所示,为保证加工尺寸A,在其底面设置3个不共线的支承点1、2、3,限制工件的3个自由度:$\vec{z}$、$\hat{x}$、$\hat{y}$;为了保证B尺寸,侧面设置两个支承点4、5,限制$\vec{y}$、$\hat{z}$两个自由度;为了保证C尺寸,端面设置一个支承点6,限制$\vec{x}$自由度。于是工件的6个自由度全部被限制了,实现了六点定位。在具体的夹具中,支承点是由定位元件来体现的,为了将矩形工件定位,设置了6个支承钉。

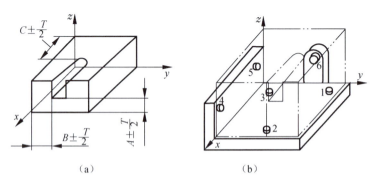

图3-8 矩形工件定位

(a) 矩形工件;(b) 定位布置
1、2、3、4、5、6—支承点

2) 圆柱几何体的定位

对于圆柱形工件,如图3-9(a)所示,可在外圆柱表面上,设置4个支承点1、3、4、5限制$\vec{y}$、$\vec{z}$、$\hat{y}$、$\hat{z}$ 4个自由度;槽侧设置一个支承点2,限制$\hat{x}$自由度;端面设置一个支承点6,限制$\vec{x}$自由度。为了在外圆柱面上设置4个支承点,一般采用V形块定位,如图3-9(b)所示。

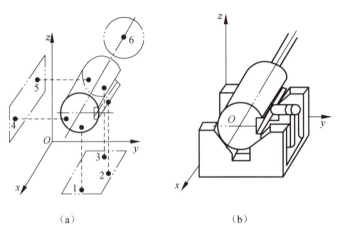

图3-9 圆柱几何体的定位

3) 圆盘几何体的定位

对于盘类工件的六点定位,如图 3-10 所示,底面的 3 个支承点限制 $\vec{z}$、$\hat{x}$、$\hat{y}$ 3 个自由度;圆周表面的两个支承点限制 $\vec{x}$、$\vec{y}$ 两个自由度;槽的侧面用一个支承点限制 $\hat{z}$ 一个自由度。这样工件的位置被完全确定。

图 3-10 盘类工件的定位

典型单一定位基准的定位特点见表 3-1。

表 3-1 典型单一定位基准的定位

定位接触形态	限制自由度数	自由度类别	特　点
长圆锥面接触	5	三个沿坐标轴方向的自由度 二个绕坐标轴方向的自由度	可作主要定位基准
长圆柱面接触	4	二个沿坐标轴方向的自由度 一个绕坐标轴方向的自由度	
大平面接触	3	一个沿坐标轴方向的自由度 二个绕坐标轴方向的自由度	
短圆柱面接触	2	二个沿坐标轴方向的自由度	不可作主要定位基准,只能与主要基准组合定位
线接触	2	一个沿坐标轴方向的自由度 一个绕坐标轴方向的自由度	
点接触	1	一个沿坐标轴方向的自由度 或绕坐标轴方向的自由度	

2. 工件定位形式分析

运用六点定位原理可以分析判别夹具中定位结构是否正确、布局是否合理、定位条件是否满足。根据工件自由度被限制的情况,工件定位可分为以下几种类型。

(1) 完全定位。工件的六个自由度不重复地被全部限制的定位,称为完全定位。

当工件在 x、y、z 三个坐标方向均有尺寸要求或位置精度要求时,一般采用这种定位方式,如图 3-8 所示。

(2) 不完全定位。在保证加工要求的条件下,工件 6 个自由度没全被限制的定位,称为不完全定位。

如图 3-11 (a) 所示为工件在车床上钻出中心通孔,根据加工要求,不需限制 $\vec{x}$ 和 $\hat{x}$ 两个自由度,所以用三爪自动定心卡盘夹持限制其余 4 个自由度,四点定位就可以满足加工精度要求。如图 3-11 (b) 铣凹槽,平面支承限制了工件 5 个自由度。图 3-11 (c)、(d) 所示的工件加工面相同,但前者要保证上下两槽的位置要求,故需限制工件的 5 个自由度 $\vec{x}$、$\vec{z}$、$\hat{x}$、$\hat{y}$、$\hat{z}$;后者无此要求,可不必限制 $\hat{y}$。如图 3-11 (e) 所示为平板工件磨平面,工件只有厚度和平行度要求，只需限制 $\vec{z}$、$\hat{x}$、$\hat{y}$ 3 个自由度，在磨床上采用电磁工作台三点定位就能满足加工要求。

图 3-11　不完全定位示例

完全定位和不完全定位都是正确的定位形式。由此可知，工件在定位时应该限制的自由度数目应由工序的加工要求而定，不影响加工精度的自由度可以不加限制。采用不完全定位可简化装置，因此不完全定位在实际生产中也广泛应用。

（3）欠定位。根据工件的加工要求，应该限制的自由度没有完全被限制的定位，称为欠定位。

欠定位无法保证加工要求，所以在确定工件在夹具中的定位方案时，绝不允许有欠定位的现象。例如若在图 3-8（a）所示工件定位中不设端面支承 6，则在一批工件上半封闭槽的长度就无法保证；若缺少侧面两个支承点 4、5 时，则工件上 B 的尺寸和槽与工件侧面的平行度均无法保证。

（4）过定位。夹具上的两个或两个以上的定位元件重复限制同一个自由度的定位，称为过定位。

图 3-12　过定位及消除方法实例
(a) 过定位；(b) 改进定位结构

如图 3-12（a）所示，要求加工平面与 A 面的垂直度公差为 0.04 mm。若用夹具的两个大平面实现定位，那么工件 A 面被限制 $\vec{y}$、$\hat{x}$、$\hat{z}$ 3 个自由度，B 面被限制了 $\vec{z}$、$\hat{x}$、$\hat{y}$ 3 个自由度，其中 $\hat{x}$ 自由度被 A、B 两面同时重复限制。由图 3-12（a）可见，当工件处于加工位置 I 时，可保证垂直度要求；而当工件处于加工位置 II 时，不能保证此要求。为了不过定位，可以将 B 面改为圆柱接触，如图 3-12（b）所示。

以上分析可知，随机的误差造成了定位的不稳定，严重时会引起定位干涉，因此过定位一般是不允许的，特别是当形状精度和位置精度很低的毛坯表面作为定位表面更不允许出现过定位。但当用已加工过的工件表面或精度较高的毛坯表面作为定位表面时，为了提高工件定位的稳定性和刚度有时允许采用过定位。但必须解决好两个问题：一是重复限制自由度的支承之间，不能使工件的安装发生干涉；二是因过定位而引起的不良后果，在采取相应措施之后能保证工件的加工精度。

消除或减小过定位所引起的干涉，一般有以下一些方法。

（1）提高工件定位基准之间以及定位元件工作表面之间的位置精度。图 3-13 中，床头箱的 V 形槽和 A 面经过精加工保证有足够的平行度，夹具上的支承板 2 装配后再经过磨削，且与两个圆柱1轴线平行,使产生的误差在控制范围内。经过这样处理之后的过定位方案是可以采用的,且支承稳定、刚性好,有效地减小工件受力变形。

图3－13　床头箱定位简图
1—圆柱；2—支承板；3—支承钉

（2）减小接触面积。如车削外圆时经常采用一夹一顶装夹工件。当卡盘夹持部分较长时,就会产生过定位,这时只要用卡盘夹工件很短一段并和顶尖组合使用就合理了。如图3－14（a）所示工件以内孔和端面定位,定位心轴长圆柱面限制$\vec{y}$、$\vec{z}$、$\hat{y}$、$\hat{z}$四个自由度,台阶端面限制$\vec{x}$、$\hat{y}$、$\hat{z}$三个自由度,属于过定位。如果两定位基准之间的垂直度误差较大会发生干涉。若采用如图3－14（b）所示方案,用短圆柱面代替长圆柱面;或如图3－14（c）所示方案,把心轴台阶平面减小,这些方法均可以避免过定位。

（3）设法使过定位的定位元件在干涉方向能浮动,以减少实际支承点数目。如图3－14（d）所示方案,在工件定位基准面下采用一球面垫圈。

（4）改变定位元件的结构,使定位元件重复限制自由度的部分不起定位作用。如图3－15（a）所示方案中$\vec{x}$被重复限制,如图3－15（b）所示方案采用菱形销4代替图3－15（a）的圆柱销3,从而消除$\vec{x}$的过定位。

图3－15　一面两销定位
1—支承板；2，3—圆柱销；4—菱形销

三、限制工件自由度数与工件加工要求的关系

按照限制自由度与加工技术要求的关系,可把自由度分为与加工技术要求有关的自由度和无关的自由度两大类,与加工技术要求有关的自由度在定位时必须限制,而与加工技术要求无关的自由度可以不限制。

如图 3-16 所示,加工 ϕ5H7 的孔时,为保证孔的同轴度和垂直度必须要限制 $\vec{x}$、$\vec{y}$、$\hat{x}$、$\hat{y}$ 4 个自由度,而夹具限制了工件的 $\vec{x}$、$\vec{y}$、$\vec{z}$、$\hat{x}$、$\hat{y}$ 5 个自由度。从加工要求出发,$\vec{z}$ 可以不加以限制,但是台阶面在限制其余自由度的同时,也限制了这一自由度,这是合理的。

1. 分析这类自由度的意义

在夹具设计时,应特别注意限制与工件加工技术要求有关的自由度。分析这类自由度的意义在于:

(1)说明了工件被限制的自由度是与其加工尺寸或位置公差要求相对应的,对与加工有关的自由度的限制是必不可少的,以保证工件的加工技术要求。

(2)自由度相关性分析也是分析加工精度的方法之一。

(3)自由度相关性分析也是定位方案设计的重要依据。在夹具定位设计之前必须分析加工时要限制工件的哪些自由度,然后必须对其进行限制。

图 3-16 限制自由度与加工技术要求的关系示例 1

2. 分析自由度与加工技术要求的关系

(1)分别分析与各个加工技术要求有关的自由度,然后综合得到与该工序所有加工技术要求有关的自由度。

如图 3-17 所示,内螺纹的轴心线与 A 面的距离尺寸:20±0.03 mm、与底面 A 的平行度公差 0.02 mm、与尺寸 61±0.01 mm 中心平面的对称度公差 0.08 mm。

图 3-17 限制自由度与加工技术要求的关系示例 2

要保证尺寸 20±0.03 mm 所必须限制的自由度:$\vec{z}$、$\hat{x}$、$\hat{y}$;要保证平行度 0.02 mm 所必须限制的自由度:$\hat{x}$;要保证对称度 0.08 mm 所必须限制的自由度:$\vec{x}$、$\hat{y}$、$\hat{z}$。

综合得知与工件加工技术要求有关的自由度是:$\vec{x}$、$\vec{z}$、$\hat{x}$、$\hat{z}$、$\hat{y}$ 五个自由度。

(2)分析每个自由度是否与加工要求有关,如果有一个技术要求与该自由度有关,这个

自由度就必须要限制。

$\vec{x}$ 与对称度 0.08 mm 有关；$\hat{x}$ 与平行度 0.02 mm 和尺寸 20±0.03 mm 有关；$\vec{y}$ 与以上 3 个技术要求都无关；$\hat{y}$ 与尺寸 20±0.03 mm 和对称度 0.08 mm 有关；$\vec{z}$ 与尺寸 20±0.03 mm 有关；$\hat{z}$ 与对称度 0.08 mm 有关。

所以，加工螺孔必须要限制 $\vec{x}$、$\vec{z}$、$\hat{x}$、$\hat{z}$、$\hat{y}$ 5 个自由度。

3.2.3 定位元件的选择与设计

前面讲过，工件的定位是通过工件上的定位表面与夹具上的定位元件的配合或接触实现的，定位表面形状不同，所用定位元件种类也不同。定位元件设计主要包括结构、形状、尺寸及布置形式等。对定位元件主要有以下基本要求：

（1）足够的精度。定位元件的精度将直接影响工件的加工精度。可根据分析计算、参考工厂现有资料或生产经验确定其制造精度。精度过低，保证不了工件的加工要求，过高会使制造困难。

（2）足够的强度和刚度。定位元件不仅限制工件的自由度，还有支承工件、承受夹紧力和切削力的作用，因此应有足够的强度和刚度，以免在使用中变形和损坏。

（3）耐磨性好。工件的装卸会磨损定位元件的工作表面，导致定位精度的下降。定位精度下降到一定程度时，定位元件须更换。为了延长定位元件的更换周期，提高夹具的使用寿命，定位元件应有较好的耐磨性。所以定位元件的材料常用 T7A 淬火 60~64 HRC 或 20 钢渗碳深度 0.8~1.2 mm，淬火 60~64 HRC。

（4）工艺性好。定位元件的结构应力求简单、合理，便于加工、装配和更换。

（5）便于清除切屑。定位元件工作表面的形状应有利于清理切屑，否则会因切屑而影响定位精度，而且切屑还会损伤定位基准表面。

一、工件以平面定位

1. 固定支承

当支承的高度不需要调整时，采用固定支承。各种支承钉、支承板均属于固定支承。

（1）支承钉的选用。以面积较小的已经加工的基准平面定位时，选用平头支承钉，如图 3-18（a）所示；以粗糙不平的基准面或毛坯面定位时，选用球头支承钉，如图 3-18（b）所示。它适用于底面定位，接触良好、定位稳定；以侧面定位和顶面定位时，可选用锯齿支承钉，如图 3-18（c）所示。其锯齿头能增大与定位基准面间的摩擦力，阻止工件受力后滑动。

图 3-18 支承钉

(a) 平头支承钉；(b) 球头支承钉；(c) 锯齿支承钉

（2）支承板的选用。以面积较大、平面精度较高的基准平面定位时，选用支承板定位元件，如图 3 – 19 所示。

图 3 – 19　支承板

(a) 不带斜槽的支承板；(b) 带斜槽的支承板

不带斜槽的支承板［如图 3 – 19（a）所示］，结构简单，易于制造。但使用中，孔边积屑不易除净，故只宜用于侧面和顶面定位。

带斜槽的支承板［如图 3 – 19（b）所示］，利于清除切屑，易于保证其工作表面清洁，故适用于底面定位。

当工件定位基面尺寸或刚度较小、精基准面精度又很高时，可设计形状与基准面相仿的非标准的整体式支承板，这样可以简化夹具结构，提高支承刚度。为保证各固定支承的定位表面严格共面，一般在将其装到夹具体上之后，要同时修磨或对高度尺寸 H 的公差严加控制。通常支承板用 2 个或 3 个 M4 ~ M10 的螺钉紧固在夹具上。当受力较大或支承板有移动趋势时，应装圆锥销或将支承板嵌入夹具体槽内。

2. 可调支承

以粗基准定位的工件，且不同批的毛坯尺寸相差较大的情况下，支承的高度需要调整，可按定位基面质量和面积大小分别选用如图 3 – 20 所示的可调支承作定位元件。

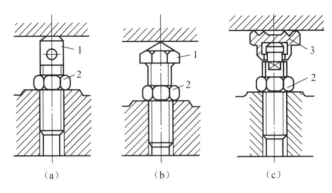

图 3 – 20　可调支承

(a) 圆头可调支承；(b) 锥顶可调支承；(c) 摆动压块可调支承

1—调整螺钉；2—紧固螺母；3—摆动压块

如图 3 – 20（a）、图 3 – 20（b）所示支承钉需用扳手调节，适用于较重工件；如图 3 – 20（c）所示支承钉可直接用手或扳手调节，适用于小型工件。操作时都要先松，后调，调好后锁紧。

3. 浮动支承

以毛坯面、阶梯平面和环形平面作基准平面定位时，既要保证定位副接触良好（多点接触或大面积接触），又要避免过定位。过定位时，选用浮动支承（又称自位支承）作定位元件，如图 3 – 21 所示。

图 3 – 21　浮动支承
（a）杠杆两点式；（b）滑柱两点式；（c）球面三点式；（d）滑柱三点式

图 3 – 21 所示各浮动支承中，图 3 – 21（a）为杠杆两点式，适用于断续表面；图 3 – 21（b）为滑柱两点式，适用于阶梯表面；图 3 – 21（c）为球面三点式，当定位基面在两个方向上均不平或倾斜时，能实现三点接触；图 3 – 21（d）为滑柱三点式，在定位基面不直或倾斜时，仍能实现三点接触。

但需要注意，浮动支承的特点在于：浮动支承虽有两个或三个支承点，但其位置随工件定位基面的变化而变化。在工件安装过程中，当工件定位基面有误差而只与一个支承点接触时，该点被压下，其余点升起，直至全部接触为止。故图 3 – 21 所示的浮动支承均相当于一个固定支承，只限制一个（移动或转动）自由度。

4. 辅助支承

工件加工中，要受到切削力、夹紧力及重力等的作用。前面介绍过的固定支承、浮动支承和可调支承，既能支承工件承受这些力，又能起定位作用，故一般称为基本支承。当工件刚度较差而加工时受力又较大，定位基准面需要提高定位刚度、稳定性和可靠性时，仅靠基本支承往往是不够的，这时就要采用辅助支承，以提高工件的刚度和夹具工作的稳定性，有时也起预定位作用，如图 3 – 22 和图 3 – 23 所示。

辅助支承有以下几种类型，如图 3 – 24 所示。

（1）螺旋式辅助支承。如图 3 – 24（a）所示，其结构简单，但调节时，需转动支承，这样可能损伤工件表面，甚至带动工件，破坏定位。

（2）推引式辅助支承。如图 3 – 24（b）所示，工件由基本支承定位后，推动把手，使支承与工件接触。然后，转动把手，将斜楔胀开便锁紧。斜楔的楔角 α 可取 8°～10°。α 过小，支承升程小；α过大，可能失去自锁作用。这类辅助支承，适用于支承负荷较大的场合。

（3）浮动式辅助支承。如图3-24（c）所示，它依靠弹簧的弹力使支承与工件表面接触，然后旋转把手锁紧斜楔，作用力稳定。弹簧力既要使支承弹出，又不能过大，以免因顶起工件而破坏定位。斜楔的楔角α应不大于自锁角（一般α=6°），以免锁紧时将支承顶出。这类辅助支承适用于支承负荷较小的场合。

（4）液压锁紧的辅助支承。如图3-24（d）所示，使用时支承在弹簧作用下与已由基本支承定位的工件接触。弹簧力可由螺钉调节。由进油口通入压力油，使薄壁套筒变形，进而锁紧支承。然后把支座的螺纹旋入夹具体的螺孔中，接通油路便可。这类辅助支承结构紧凑、操作方便，但必须有液压动力源才能使用。

图3-22 辅助支承提高工件的刚度和稳定性

1—工件；2—短定位销；3—支承板；4—辅助支承

（a） （b）

图3-23 辅助支承起预定位作用

图3-24 辅助支承的类型

(a) 螺旋式辅助支承；(b) 推引式辅助支承；(c) 浮动式辅助支承；(d) 液压锁紧的辅助支承

每次卸下工件后，辅助支承都必须松开，工件定位后，再调整如图3-24（a）所示的螺母或对图3-24（b）、图3-24（c）、图3-24（d）进行自锁。

需注意，辅助支承没有定位作用，不限制工件的自由度，否则将破坏由基本支承所确定的工件的正确位置。每次加工均需重新调整支承点高度，支承位置应选在有利于工件承受夹紧力和切削力的地方。

上述支承钉、支承板和可调支承均已标准化。

二、工件以外圆柱面定位

1. V形块定位

(1) V形块的结构。V形块定位是最常见的外圆定位元件，图3-25所示为常见V形块结构。图3-25（a）用于较短工件精基准定位。图3-25（b）用于较长工件粗基准定位。图3-25（c）用于工件两段精基准面相距较远的情况。如果定位基准与长度较大，则V形块不必做成整体钢件，而采用铸铁底座镶淬火钢垫，如图3-25（d）所示。长V形块限制工件的4个自由度，短V形块限制工件的两个自由度。V形面的夹角有60°、90°和120°三种，其中以90°为最常用。

图3-25 V形块

V形块上两斜面的夹角α一般选用60°、90°、120°三种，最常用的是夹角为90°的V形块。90°夹角V形块的结构和尺寸可参阅国家有关标准。当在夹具设计过程中，需根据工件定位要求自行设计时，则可参照图3-26对有关尺寸进行计算。

由图3-26可知，V形块的主要尺寸有以下几种：

d——V形块的标准心轴直径尺寸（即工件定位用外圆的理想直径尺寸）；

H——V形块高度尺寸；

N——V形块的开口尺寸；

$H_{定}$——对标准心轴而言，V形块的标准定位高度尺寸（亦是V形块加工时的检验尺寸）。

当自行设计一个V形块时，d是已知的，而H和N须先行确定，然后方可求出$H_{定}$。

尺寸$H_{定}$的计算如下：

$$H_{定} - H = OE - CE$$

在直角三角形△OEB中 $OE = \dfrac{d}{2\sin\dfrac{\alpha}{2}}$，在△CEA中 $CE = \dfrac{N}{2\tan\dfrac{\alpha}{2}}$。

图3-26 V形块的典型结构

将 OE 及 CE 代入上式，得

$$H_{定} = H + \frac{d}{2\sin\dfrac{\alpha}{2}} - \frac{N}{2\tan\dfrac{\alpha}{2}} \tag{3-1}$$

式中　尺寸 N：当 $\alpha = 60°$时，$N = 1.15(d - 5h)$；

　　　　　　当 $\alpha = 90°$时，$N = 1.4d - 2h$；

　　　　　　当 $\alpha = 120°$时，$N = 2d - 3.46h$。

　　　设计时通常取尺寸 $h = (0.14 \sim 0.16)d$；

　　　因此当 $\alpha = 90°$时，$H_{定} = 0.707d + H - 0.5N$

　　　尺寸 H：

　　　用于大外圆直径定位时，取 $H \leqslant 0.5d$；

　　　用于小外圆直径定位时，取 $H \leqslant 1.2d$。

（2）V 形块的应用。V 形块的应用示例如图 3-27 所示，固定 V 形块限制工件的 $\vec{x}$、$\vec{y}$ 两个自由度，活动 V 形块限制工件的 $\vec{z}$ 一个自由度。

图 3-27　V 形块的应用示例

2. 半圆套定位

如图 3-28 所示，半圆套的定位面置于工件的下方。这种定位方式类似于 V 形块，也类似于轴承，常用于大型轴类零件的精基准定位，其稳固性比 V 形块更好，定位精度取决于定位基面的精度。通常要求工件轴颈精度 IT7、IT8，表面粗糙度值 $Ra0.8 \sim 0.4 \mu m$。

（a）　　　　　　　　（b）

图 3-28　半圆套定位座

（a）可卸式；（b）铰链式

3. 定位套定位

图 3-29 所示为两种常用的定位套。通常定位套的圆柱面与端面组合定位，限制工件的 5 个自由度。这种定位方式是间隙配合的中心定位，故对基面的精度也有严格要求，通常取轴颈精度为 IT7、IT8，表面粗糙度值小于 $Ra0.8 \mu m$。定位套应用较少，常用于形状简单的小型轴类零件定位。

三、工件以圆柱孔定位

工件以圆柱孔内表面定位时,常用以下定位元件。

1. 定位销

常用的定位销有固定式定位销、可换式定位销和定位插销等几类,它们分别又分为 A 型和 B 型两种形式。

图 3 – 29　定位套

(a) 短定位套;(b) 长定位套

(1) 固定式定位销。图 3 – 30 为圆柱固定式定位销的结构,图 3 – 30(a) 为 A 型圆柱形定位销,可限制工件的两个移动自由度。图 3 – 30(b) 所示为 B 型菱形定位销,只能限制工件的一个自由度。菱形销的应用较特殊,它布置在会发生定位干涉的部位上。

图 3 – 30　圆柱固定式定位销

(a) A 型圆柱形定位销;(b) B 型菱形定位销

图 3 – 31 是圆锥定位销,工件以圆孔在圆锥销上定位,它限制了工件的 3 个移动自由度。当工件圆孔端边缘是粗定位基准,选用如图 3 – 31(a) 所示的圆锥定位销;当工件圆孔端边缘形状精度较高时,选用如图 3 – 31(b) 所示的圆锥定位销;当工件需要平面和圆孔端边缘同时定位时,选用如图 3 – 31(c) 所示的浮动锥销。

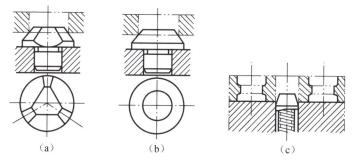

图 3 – 31　圆锥定位销

(a) 圆孔端边缘形状精度较低时定位;(b) 圆孔端边缘形状精度较高时定位;(c) 平面和圆孔端边缘同时定位

（2）可换式定位销。如图3-32所示为可换式定位销的结构，与固定定位销比较，其功能是当定位销磨损后可以更换，以降低夹具的成本。这种定位销常用于生产负荷很高的夹具。

（3）定位插销。如图3-33所示为定位插销的结构，定位插销常用于不便于装卸的部位和工件以被加工孔作为定位基准（自为基准）的定位中。

圆柱定位销的结构和尺寸已经标准化，不同直径的定位销有其相应的结构形式，可根据工件定位内孔的直径选用。当工件圆柱孔用孔端边缘定位时，需选用圆锥定位销，如图3-31（b）所示。

图3-32　可换式定位销　　　　图3-33　定位插销

2. 定位心轴

常用的定位心轴分为圆柱心轴和圆锥心轴（小锥度心轴）两种定位方式。在套类、盘类零件的车削、磨削和齿轮加工中，大都选用心轴定位。

（1）圆柱心轴。图3-34为常用圆柱心轴的结构形式。图3-34（a）为间隙配合心轴，装卸工件较方便。由于配合间隙较大，定心精度不高。图3-34（b）是过盈配合心轴，由引导部分1、工作部分2和传动部分3组成。这种心轴制造简单，定心准确，不用另设夹紧装置，但装卸工件不便，易损伤工件定位孔，因此，多用于定心精度要求高的精加工。图3-34（c）是花键心轴，用于加工以花键孔定位的工件。

图3-34　圆柱心轴

(a) 间隙配合心轴；(b) 过盈配合心轴；(c) 花键心轴

1—引导部分；2—工作部分；3—传动部分

图3-35　圆锥心轴

（2）圆锥心轴（小锥度心轴）。如图3-35所示，工件在锥度心轴上定位，并靠工件定位圆孔与心轴限位圆锥面的弹性变形夹紧工件，这种定位方式的定心精度高，可达$\phi 0.01 \sim \phi 0.02$ mm，但工件的轴向位移误差较大，用于工件定位孔精度不低于IT7的精车和磨削加工,不能加工端面,并且传递的扭矩较小,装卸工件不便。

四、工件以圆锥孔定位

工件以圆锥孔为定位基准面时,常用的定位元件有锥形心轴、顶尖等。

1. 锥形定位心轴

图 3-36(a)为以锥孔为定位基准面的工件,在锥度相同的锥形心轴上定位的情形。当圆锥角小于自锁角时,为便于卸下工件,可在心轴大端装一推出工件的螺母,如图 3-36(b)所示。

图 3-36 圆锥心轴
(a) 锥度心轴;(b) 带推出螺母的锥度心轴

工件孔与心轴锥度相同,接触良好,故定心精度极高,轴向定位精度取决于工件孔和心轴的尺寸精度。

2. 顶尖定位

在加工轴类工件或某些要求精确定心的工件时,在工件上专为定位而加工出工艺定位面(中心孔)。每个中心孔各用一个顶尖定位,如图 3-37 所示。

图 3-37 中心孔定位
(a) 固定顶尖定位;(b) 轴向浮动的前顶尖定位
1—顶尖套

用顶尖定位的优点是,用同一定位基准可加工出所有的外圆表面。当用半顶尖时,还能加工端面。但加工阶梯轴时,轴向尺寸的工序基准通常是端面 C,它与定位基准(左中心孔锥顶 A)不重合,故有基准不重合误差。为减小此误差,就要严格控制左中心孔尺寸,如图 3-37(a)所示,放入标准钢球后,检查尺寸 a;或者如图 3-37(b)所示,改用轴向浮动的前顶尖定位。这时,端面 C 为轴向定位基准,以顶尖套 1 端面定位,前顶尖只起定心作用。

五、工件以特殊表面定位

除上述各种典型表面外,有时工件还可用某些特殊表面作定位基准面。如各种导轨面、成形表面等。

1. 工件以V形导轨面定位

例如车床的拖板、床鞍等零件,常以底部的V形导轨面定位,其定位装置如图3-38所示。左边一列是两个固定在夹具体上的V形座和短圆柱2,起主要限位作用,约束工件的4个自由度;右边一列是两个可移动的V形座和短圆柱1,只约束工件的$\vec{y}$一个自由度;端面靠在支承钉3上,限制移动自由度。

两列V形座(包括短圆柱)的工作高度T_1的等高度误差不大于0.005 mm。V形座常用20钢制造,渗碳淬火后硬度为58~62 HRC。短圆柱常用T7A制造,淬火后硬度为53~58 HRC。当夹具中需要设置对刀或导向装置时,需计算尺寸T_1,当$\alpha = 90°$时,$T_1 = H + 1.207d - 0.5N$。

图3-38 床鞍以V形导轨面定位

1,2—短圆柱;3—支承钉

2. 工件以燕尾导轨面定位

燕尾导轨面一般有55°和60°两种夹角。

常用的定位装置有两种:

一种如图3-39(a)所示,右边是固定的短圆柱和V形座,组成主要限位基准,限制4个自由度;左边是形状与燕尾导轨面对应的可移动钳口K,限制一个自由度,并兼有夹紧作用。另外一种如图3-39(b)所示,定位装置相当于两个钳口为燕尾形的虎钳,工件以燕尾导轨面定位,夹具的左边为固定钳口,这是主限位基面,限制工件4个自由度,右边的活动钳口限制一个自由度,并兼起夹紧作用。

如图3-39(a),定位元件与对刀元件或导向元件间的距离a可按如下公式计算:

$$a = b + u - \frac{d}{2} = b + \frac{d}{2\tan\frac{\beta}{2}} - \frac{d}{2} = b + \frac{d}{2}\left(\cot\frac{\beta}{2} - 1\right) \quad (3-2)$$

图 3-39　工件以燕尾导轨面定位

式中　β——燕尾形的夹角，当 $\beta = 55°$ 时，$a = b + 0.4605d$。

3. 工件以渐开线齿面定位

对于整体淬火的齿轮，一般都要在淬火后磨内孔和齿形面。为了保证磨齿形面时余量均匀，应贯彻"互为基准"的原则，先以齿形面的分度圆定位磨内孔，然后以内孔定位磨齿形面。

如图 3-40 所示为以齿形面定位磨内孔时的定位示意图，即在齿轮分度圆上相隔约120°的三等分位置上放入 3 根精度很高的定位滚柱 2，进行定心夹紧。此时，滚柱与齿面接触的母线所在柱面的轴线，即为定位基准。套上薄壁套 1，起保持滚柱的作用，然后将其一起放入膜片卡盘内以卡爪 3 自动定心夹紧。

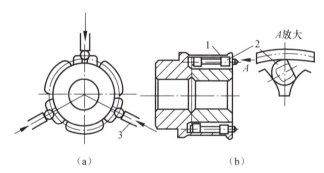

图 3-40　齿轮以分度圆定位

1—薄壁套；2—滚柱；3—卡爪

六、工件的组合定位

1. 工件组合定位的方法

工件以多个定位基准组合定位是很常见的。可以是平面、外圆柱面、内圆柱面、圆锥面等各种组合。

如图 3-41 所示，工件加工孔 1、2，控制尺寸 H、L_1、L_2，有两个定位方案，根据基准重合原则，图 3-41（b）所示方案更好，因为尺寸 H 的工序基准是大孔的中心线。

又如图 3-42 所示为拨叉零件铣槽工序的组合定位。它以长圆柱孔、端平面及弧面为定位基准，其中主要定位基准为 $\phi 12^{+0.105}_{+0.045}$ mm 孔。此定位方案符合基准重合原则。定位元件为定位轴、可调支承。

图 3-43（a）所示为连杆零件图，加工斜孔的工序简图如图 3-43（b）所示。工件以两孔一面定位，定位基准为 $\phi 7.94_{0}^{+0.016}$ mm 孔及端平面。定位元件为定位轴及菱形销。

工件采用组合定位时，应注意以下问题。

图 3-41 定位方案

图 3-42 拨叉零件的组合定位

（1）合理选择定位元件，实现工件的完全定位或不完全定位，不能发生欠定位。对于过定位应区别对待。

（2）按基准重合的原则选择定位基准，首先确定主要定位基准，然后确定其他定位基准。

（3）组合定位中，一些定位元件在单独作用时限制移动自由度，而在组合定位时则转化为限制旋转自由度。

（4）从多种定位方案中选择定位元件时，应特别注意定位元件所限制的自由度与加工精度的关系，以满足加工要求。

常用定位元件所能限制的自由度见表 3-2。

图 3-43 连杆零件图及工序简图
(a) 零件图样；(b) 工序图

表 3–2 常用定位元件所能限制的自由度

定位名称	定位方式	约束的自由度
支承钉		每个支承钉约束一个自由度，其中： （1）支承钉 1、2、3 与底面接触，限制 3 个自由度（$\vec{z}$、$\hat{x}$、$\hat{y}$）。 （2）支承钉 4、5 与侧面接触，限制 2 个自由度（$\vec{x}$、$\hat{z}$）。 （3）支承钉 6 与端面接触，限制 1 个自由度（$\vec{y}$）
支承板		（1）两条窄支承板 1、2 组成同一平面，与底面接触，限制 3 个自由度（$\vec{z}$、$\hat{x}$、$\hat{y}$）。 （2）一个窄支承板 3 与侧面接触，限制 2 个自由度（$\vec{x}$、$\hat{z}$）
		支承板与圆柱面接触，限制 2 个自由度（$\vec{z}$、$\hat{x}$）
		支承板与球面接触，限制 1 个自由度（$\vec{z}$）
定位销	（a）短销　（b）长销	（1）短销与圆孔配合，限制 2 个自由度（$\vec{x}$、$\vec{y}$）。 （2）长销与圆孔配合、限制 4 个自由度（$\vec{x}$、$\vec{y}$、$\hat{x}$、$\hat{y}$）

续表

定位名称	定位方式	约束的自由度
定位销	（a）短削边销　（b）长削边销	（1）短削边销与圆孔配合，限制1个自由度（$\vec{y}$）。 （2）长削边销与圆孔配合，限制2个自由度（$\vec{x}$、$\vec{y}$）
	（a）固定锥销　（b）活动锥销	（1）固定锥销与圆孔端面圆周接触，限制3个自由度（$\vec{x}$、$\vec{y}$、$\vec{z}$）。 （2）活动锥销与圆孔端面圆周接触，限制2个自由度（$\vec{x}$、$\vec{y}$）
定位套	（a）短套　（b）长套	（1）短套与轴配合，限制2自由度（$\vec{x}$、$\vec{y}$）。 （2）长套与轴配合，限制4个自由度（$\vec{x}$、$\vec{y}$、$\vec{\hat{x}}$、$\vec{\hat{y}}$）
	（a）固定锥套　（b）活动锥套	（1）固定锥套与轴端面圆周接触，限制3个自由度（$\vec{x}$、$\vec{y}$、$\vec{z}$）。 （2）活动锥套与轴端面圆周接触，限制2个自由度（$\vec{x}$、$\vec{y}$）

续表

定位名称	定位方式	约束的自由度
V形架	(a) 短V形架 (b) 长V形架	(1) 短V形架与圆柱面接触，限制2个自由度（$\vec{x}$、$\vec{z}$）。 (2) 长V形架与圆柱面接触，限制4个自由度（$\vec{x}$、$\vec{z}$、$\hat{x}$、$\hat{z}$）
半圆孔	(a) 短半圆孔 (b) 长半圆孔	(1) 短半圆孔与圆柱面接触，限制2个自由度（$\vec{x}$、$\vec{z}$）。 (2) 长半圆孔与圆柱面接触，限制4个自由度（$\vec{x}$、$\vec{z}$、$\hat{x}$、$\hat{z}$）
三爪卡盘	(a) 夹持较短 (b) 夹持较长	(1) 夹持工件较短，限制2个自由度（$\vec{x}$、$\vec{z}$）。 (2) 夹持工件较长，限制4个自由度（$\vec{x}$、$\vec{z}$、$\hat{x}$、$\hat{z}$）

续表

定位名称	定位方式	约束的自由度
两顶尖		一端固定、一端活动，共限制5个自由度($\vec{x}$、$\vec{y}$、$\vec{z}$、$\hat{x}$、$\hat{z}$)
短外圆与中心孔		(1) 三爪自定心卡盘限制2个自由度($\vec{x}$、$\vec{z}$)。 (2) 活动顶尖限制2个自由度($\hat{x}$、$\hat{z}$)
大平面与两圆柱孔		(1) 支承板限制3个自由度($\hat{x}$、$\vec{y}$、$\hat{z}$)。 (2) 短圆柱定位销限制2个自由度($\vec{x}$、$\vec{z}$)。 (3) 短菱形销（防转）限制1个自由度($\hat{y}$)
大平面与两外圆弧面		(1) 支承板限制3个自由度($\hat{x}$、$\vec{y}$、$\hat{z}$)。 (2) 短固定式V形块限制2个自由度($\vec{x}$、$\vec{z}$)。 (3) 短活动式V形块（防转）限制1个自由度($\hat{y}$)
大平面与短锥孔		(1) 支承板限制3个自由度($\hat{x}$、$\hat{y}$、$\vec{z}$)。 (2) 活动锥销限制2个自由度($\vec{x}$、$\vec{y}$)
长圆柱孔与其他		(1) 固定式心轴限制4个自由度($\vec{y}$、$\vec{z}$、$\hat{y}$、$\hat{z}$)。 (2) 挡销（防转）限制1个自由度($\hat{x}$)

2. 分析工件组合定位限制自由度的方法

（1）组合定位限制工件自由度的数目与各定位元件单独作用限制工件自由度的数目之和相等。

（2）先判断各定位元件限制的自由度数目。如平面接触限制 3 个自由度，长圆柱面配合限制 4 个自由度，短圆柱面配合限制 2 个自由度，点接触限制 1 个自由度等。

（3）确定分析顺序：由多到少，即先分析限制自由度多的定位元件，再分析限制自由度少的定位元件。

（4）先按各定位元件单独作用分析其限制工件自由度的情况，再判断各定位元件组合之后是否存在移动自由度转化为转动自由度的情况：

① 只能由移动自由度转化为转动自由度。转化条件：

a. 存在重复限制的移动自由度。

b. 存在未被限制的转动自由度。

c. 由组合的实际情况判断未被限制的转动自由度是否限制。

② 转化时，转化限制自由度数目少的定位元件限制的移动自由度为转动自由度。

③ 移动自由度转化为转动自由度时，不能转化为同轴向方向的转动自由度。

④ 移动自由度转化为转动自由度之后，定位元件原来限制的移动自由度的作用就消失了。

⑤ 已经限制的转动自由度不再由其他移动自由度转化而来。

（5）判断定位方式及其合理性。

工件组合定位分析实例：

图 3-44 所示零件 3 以 a 和 b 两个方案定位，分析其定位方式：

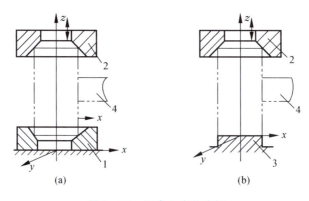

图 3-44 组合面定位分析

1—固定内锥套；2—移动内锥套；3—支承板；4—工件

（a）定位方案 a；（b）定位方案 b

方案 a

（1）固定内锥套 1 限制 3 个自由度。移动内锥套 2 限制 2 个自由度。

（2）定位元件单独作用限制的自由度：固定内锥套 1 限制工件 $\vec{x}$、$\vec{y}$、$\vec{z}$。移动内锥套 2 限制工件 $\vec{x}$、$\vec{y}$。

（3）由于固定内锥套 1 和移动内锥套 2 均限制工件 $\vec{x}$、$\vec{y}$，出现移动自由度的重复限制，满足自由度转化的条件 a。其次固定内锥套 1 和移动内锥套 2 均没有限制 $\vec{x}$、$\vec{y}$、$\vec{z}$，满足自由度转化的条件 b。最后，由如图 3-43（a）判断，$\vec{x}$ 和 $\vec{y}$ 已经被限制，由此判断自由度发生了转化；根据自由度转化的情况②将限制自由度数目少的定位元件限制的移动自由度为转动自由度，所以直接将移动内锥套 2 限制的移动自由度转化为转动自由度。

（4）最终得到分析结果：

固定内锥套 1 限制 3 个自由度：$\vec{x}$、$\vec{y}$、$\vec{z}$；

移动内锥套 2 限制 2 个自由度：$\hat{x}$、$\hat{y}$。

（5）判断定位方式：不完全定位。

方案 b

（1）支承板 1 限制 3 个自由度。移动内锥套 2 限制 2 个自由度。

（2）定位元件单独作用限制的自由度：支承板 1 限制工件 $\vec{z}$、$\hat{x}$、$\hat{y}$，移动内锥套 2 限制工件 $\vec{x}$、$\vec{y}$。

（3）由于支承板 1 和移动内锥套 2 限制的自由度没有重复，由此判断自由度不存在转化。

（4）最终得到分析结果：

支承板 1 限制 3 个自由度：$\vec{z}$、$\hat{x}$、$\hat{y}$；

移动内锥套 2 限制 2 个自由度：$\vec{x}$、$\vec{y}$。

（5）判断定位方式：不完全定位。

3.2.4　定位误差分析计算

使用夹具时，造成工件加工误差的因素可包括下列 4 个方面：

（1）与工件在夹具中定位有关的误差——定位误差，以 Δ_D 表示。

（2）与夹具在机床上位置有关的误差——位置误差，以 Δ_A 表示。它包括定位元件的定位面与夹具体基面的误差 Δ_{A1} 和夹具的安装连接误差 Δ_{A2}。

（3）与导向或对刀（调整）有关的误差——导向（对刀）误差，以 Δ_T 表示。

（4）与加工方法有关的误差——加工方法误差，以 Δ_G 表示。Δ_G 包括机床误差、刀具误差、变形误差和测量误差等。为了保证工件的加工要求，上述误差的和不应超过工件的加工误差 T，即

$$\Delta_D + \Delta_A + \Delta_T + \Delta_G \leq T$$

因为各种误差均为随机的变量，故应该用概率法计算，即

$$\sqrt{\Delta_D^2 + \Delta_A^2 + \Delta_T^2 + \Delta_G^2} \leq T \tag{3-3}$$

通常认为当 $\Delta_D \leq T/3$ 时，定位误差是较合理的。

一、定位误差的定义

由定位引起的同一批工件的工序基准在加工尺寸方向上的最大变动量，称为定位误差，以 Δ_D 表示。定位误差研究的主要对象是工件的工序基准和定位基准。它的变动量将影响工件的尺寸精度和位置精度。

工件在夹具中的位置是由定位元件确定的，当工件上的定位表面一旦与夹具上的定位元

件相接触或相配合,作为一个整体的工件的位置也就确定了。但对于一批工件来说,由于在各个工件的有关表面之间,彼此在尺寸及位置上均有着在公差范围内的差异,夹具定位元件本身和各定位元件之间也具有一定的尺寸和位置公差。这样一来,工件虽已定位,但每个被定位工件的某些具体表面都会有自己的位置变动量,从而造成在工序尺寸和位置要求方面的加工误差。

例如,在图 3-45(a)所示的套筒形工件上钻一个通孔,要求保证钻孔的位置尺寸为 $H_{-T_H}^{0}$,加工时所使用的钻床夹具如图 3-45(b)所示,被加工孔位置尺寸的工序基准为工件外圆的素线 A,工件以内孔表面与短圆柱定位销 3 相配合,定位基准(指工件在夹具上进行加工时,确定工件位置的表面、线或点)为内孔中心线 O。工件端面与支承垫圈 2 相接触,限制工件的 3 个自由度,工件内孔与短圆柱定位销相配合,限制 2 个自由度。加工通孔限制工件的 5 个自由度已满足工序加工要求。

图 3-45 钻孔工序简图及钻孔夹具

(a)工件;(b)钻床夹具

1—钻套;2—支承垫圈;3—短圆柱定位销

若被加工的这一批工件的内孔、外圆及定位销均无制造误差,工件内孔与定位销又无配合间隙,则这一批被加工工件的内孔中心线、外圆中心线与定位销中心线重合,此时每个工件的内孔中心线和外圆下素线的位置也均无变动,加工后这一批工件的工序尺寸是完全相同的,但实际上工件的内孔、外圆及定位销的直径不可能制造得绝对准确,且工件内孔与定位销也不是无间隙配合,故一批工件的内孔中心线及外圆下素线均在一定的范围内变动,加工后这一批工件的工序尺寸也必然是不相同的。

采用夹具加工通孔时,夹具上的钻套 3 确定刀具的位置,而钻套 3 的中心线对定位销 1 的中心线位置已由夹具上的尺寸 $H_1 \pm \dfrac{T_{H_1}}{2}$ 确定。在加工一批工件的过程中,钻头的切削成形面的位置(即被加工通孔中心线的位置)可认为是不变的。因此,在加工通孔时造成工序

尺寸 $H_{-T_H}^{0}$ 定位误差的主要原因是一批工件定位时，定位基准 O 和工序基准 A 相对定位基准理想位置 O' 的位置变动。

二、定位误差的组成及计算方法

根据定位误差的组成，定位误差是指一批工件在用调整法加工时，仅仅由于定位不准而引起工序尺寸或位置要求的最大可能变动范围。即定位误主要是由基准位移误差和基准不重合误差两项组成。

根据定位误差的上述定义，在设计夹具时，对任何一个定位方案，可通过一批工件定位时的两个极端位置，直接计算出工序基准的最大变动范围，即为该定位方案的定位误差。仍以已分析的钻孔工序为例，如图 3-46 所示。在工件内孔直径最大而定位销直径最小的条件下，当工件相对定位销沿 OO_1 向上处于最高位置 O_1 且工件外圆尺寸最小时，工序尺寸为最小值 $H_{\min}$；当工件相对定位销沿 OO_2 向下处于最低位置 O_2 且工件外圆尺寸最大时，工序尺寸为最大值 $H_{\max}$。此时，工序尺寸 H 的定位误差由图 3-46 可知

$$\Delta_D(H) = A_1A_2 = H_{\max} - H_{\min} = O_1O_2 + \frac{1}{2}d - \frac{1}{2}(d - T_d) = O_1O_2 + \frac{1}{2}T_d \quad (3-4)$$

根据定位误差产生的原因也可按定位误差的组成进行计算，即

$$\Delta_D(H) = \Delta_Y(O) + \Delta_Y(A) = O_1O_2 + \frac{1}{2}T_d \quad (3-5)$$

图 3-46 定位误差计算时工件的两个极端位置

三、结论

通过上面实例和分析，可以归纳得到如下结论：

（1）定位误差只发生在采用调整法加工一批工件的条件下，如果一批工件逐个按试切法加工，则不存在定位误差。

（2）定位误差是工件定位时由于定位不准产生的加工误差。它的表现形式为工序基准相对加工表面可能产生的最大尺寸或位置变动量。它的产生原因是工件的制造误差、定位元件的制造误差、两者配合间隙及基准不重合等。

（3）定位误差是由基准位置误差和基准不重合误差两部分组成。但不是在任何情况下

两部分都存在，当定位基准无位置变动时 $\Delta_Y=0$，当定位基准与工序基准复合时 $\Delta_B=0$。

（4）定位误差计算可按定位误差定义，根据所画出的一批工件定位时可能产生定位误差的两种极端位置，再通过几何关系直接求得。也可根据定位误差的组成，先分别计算 Δ_Y 和 Δ_B，然后合成 Δ_D。

1. 基准不重合误差

由于定位基准与工序基准不重合而造成的定位误差，称为基准不重合误差，以 Δ_B 表示。

基准不重合误差与定位方式无关，它等于定位基准和工序基准之间的联系尺寸的公差在工序尺寸方向上的投影的和。一般公式为

$$\Delta_B = \sum_{i=1}^{n} T_i \cos\beta \tag{3-6}$$

式中　T_i——定位基准和工序基准之间的联系尺寸的公差（mm）；

β——T_i 的方向与工序尺寸方向间的夹角（°）。

如图 3-47（a）所示套筒，键槽深度工序尺寸从外圆的素线标起，尺寸为 $C_{-T_C}^{\ 0}$，则工件的素线 [如图 3-47（a）所示 B 点] 为工序基准。以内孔中心线为定位基准，用心轴定位，假设工件内孔与心轴外圆的中心重合 [如图 3-47（b）]，即不产生基准位移误差。但由于工件外圆有制造误差，当外圆直径在 $d_{\min}$ 和 $d_{\max}$ 范围内变化时，工序基准在 $B_1 \sim B_2$ 范围变化，则引起工序尺寸在 $C_1 \sim C_2$ 变动，该变动量就是基准不重合误差。

图 3-47　定位误差分析

(a) 套筒工序图；(b) 套筒铣键槽定位

又如图 3-48（a）所示长方体工件上铣削通槽，分析图 3-48（b）和图 3-48（c）所示两种定位方案对工序尺寸 $a \pm T_a$ 所引起的基准不重合误差。

如图 3-48（b）所示，工序基准和定位基准均为 B 面，基准重合，因此 $\Delta_B=0$。

如图 3-48（c）所示，工序基准是 B 面，定位基准是 C 面，因此工序基准与定位基准之间的联系尺寸 $L \pm T_L$ 的公差为 $2T_L$，所以 $\Delta_B=2T_L$。

尺寸 $a \pm T_a$ 的工序基准为 B 面。如图 3-48（b）所示定位方式，工件以 B 面为定位基准在夹具中定位，刀具也是按 B 面为工序基准来调整尺寸 k 的，即此时所调整的刀具 S_1 切削刃与支承钉 J_1 之间的距离 k 正是所要保证的工序尺寸 $a \pm T_a$。对于同一批工件而言，按照上述方法调整好刀具后，假如不考虑加工过程中其他因素的影响，那么刀具 S_1 切削刃与支承钉 J_1 之间的距离 k 是不变的，这样对一批工件而言，每一个工件的工序尺寸 $a \pm T_a$ 都是一样的，都能满足尺寸要求。即工序基准和定位基准均为 B 面，基准重合，因此 $\Delta_B=0$。

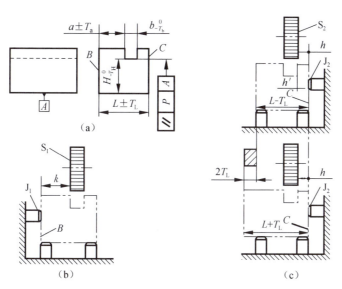

图 3-48 定位误差分析
(a) 长方体工件;(b) 定位方案 I;(c) 定位方案 II

而如图 3-48（c）所示定位方式，工件以 C 面为定位基准在夹具中定位时，是通过调整刀具 S_2 切削刃与支承钉 J_2 的距离得到尺寸 h，而间接得到尺寸 $a \pm T_a$ 的。由图 3-48（c）可以看出，对一批工件来说，当刀具按 J_2 面调整好而处于一定位置时，不考虑其他因素的影响，尺寸 h 是始终不变的，但每个工件 B 面的位置，却是随尺寸 $L \pm T_L$ 的变化而变化的，其可能发生的最大变化范围是 $2T_L$。因此，在间接得到的尺寸 $a \pm T_a$ 中，实际上附加了 $2T_L$ 的误差值，增大了误差。而图 3-48（b）所示的工序基准和定位基准均为 B 面，基准重合，则尺寸 $L \pm T_L$ 的变化显然对 B 面的位置毫无影响，这时尺寸 $a \pm T_a$ 的精度直接由刀具调整尺寸 k 决定。

基准不重合误差与定位方式无关，在计算基准不重合误差时，应注意判别定位基准和工序基准，当基准不重合误差由多个尺寸影响时，应将其在工序尺寸方向上合成。

2. 基准位移误差

一批工件定位基准相对于定位元件的位置最大变动量（或定位基准本身的位置变动量）称为基准位移误差，用 Δ_Y 表示。

如图 3-49（a）所示，工件以圆孔在夹具的心轴上定位铣键槽，要求保证尺寸 B 及 A。其中尺寸 B 是由铣刀尺寸决定的，而尺寸 A 则是由工件相对于刀具的位置决定的。

如图 3-49（b）用心轴定位加工键槽，孔中心线既是工序基准又是定位基准，基准重合。欲保证工件加工尺寸 A，需要分析铣刀外圆相对工序基准位置变动的大小。刀具相对于定位心轴的距离按尺寸 A 经一次调整后保持不变。如果工件内孔直径与心轴的直径完全相同，工件内孔与心轴外圆重合，则两者的中心线也重合。故尺寸 A 可保持不变，即不存在因定位引起的误差。实际上，工件的内孔和心轴的外圆肯定会有制造误差。当间隙配合时两者的中心线不可能同轴，若心轴水平安置，工件圆孔将因重力等影响单边搁置在心轴的上母线上。此时，刀具位置未变，而由于工件圆孔和心轴外圆的尺寸公差造成工件的定位基准处在 $O_1 \sim O_2$ 的某个位置上，从而导致工件定位基准本身位置的变化，使工件的工序尺寸 A 因基

图 3 – 49　心轴定位基准位移误差分析计算示例

（a）工件；（b）固定单边接触的基准位移误差；（c）任意边接触的基准位移误差

准位移而产生了误差（基准位移误差），如图 3 – 49（b）所示。其最大误差值为

$$\Delta_Y = A_{\max} - A_{\min} \quad (3-7)$$

式中　$A_{\max}$——最大工序尺寸；

　　　$A_{\min}$——最小工序尺寸。

不同的定位方式，其基准位移误差的计算方法是不同的。

3. 定位误差的合成

前面已提到过，定位误差可由基准不重合误差 Δ_B 和基准位移误差合成，以下是不同情况下定位误差的合成计算方式。

1）$\Delta_Y = 0$，$\Delta_B \neq 0$ 时，产生定位误差的原因是基准不重合，故只要计算出 Δ_B 即可，即

$$\Delta_D = \Delta_B \quad (3-8)$$

2）$\Delta_B = 0$，时，$\Delta_Y \neq 0$ 时，产生定位误差的原因是基准位移，故只要计算出 Δ_Y 即可，即

$$\Delta_D = \Delta_Y \quad (3-9)$$

3）$\Delta_B \neq 0$，$\Delta_Y \neq 0$ 时，产生定位误差的原因是相互独立的因素（工序基准不在定位基面上）时，应将两项误差相加，即

$$\Delta_D = \Delta_B + \Delta_Y \quad (3-10)$$

4）在 V 形块中心定位中，当 $\Delta_B \neq 0$，$\Delta_Y \neq 0$，且造成定位误差的原因是同一因素（工序基准在定位基面上）时，定位误差的合成应判断"＋""－"号，即

$$\Delta_D = \Delta_B + \Delta_Y \text{ 或 } \Delta_D = \Delta_B - \Delta_Y \quad (3-11)$$

"＋""－"的确定可按如下原则判断：当由于基准不重合和基准位移分别引起工序尺寸作相同方向变化（即同时增大或同时减小）时，取"＋"号；而当引起工序尺寸彼此向相反方向变化时，取"－"号。

四、几种典型表面定位时的定位误差

1. 工件以平面支承定位

在夹具设计中，平面定位的主要方式是支承定位，常用的定位元件为各种支承钉、支承板、浮动支承和可调支承。

当工件以未加工过的毛坯表面定位时，一般只能采用三点支承方式，定位元件为球头支承钉或锯齿头支承钉。这样可减少支承与工件的接触面积，以便能与粗糙不平的毛坯表面稳定接触。采用锯齿头支承钉还能增大接触面间的摩擦力，防止工件受力移动。在一批工件以毛坯表面定位时，虽然3个支承钉已确定了定位基准面的位置，但由于每个工件作定位基准——毛坯为表面本身的表面状况各不相同，将产生如图 3 – 50（a）所示的基准位置在一定范围 T_H 内变动，从而产生了定位误差，即 $\Delta_D = \Delta_Y = T_H$。

当工件以已加工过的精基准定位时，由于定位基准面本身的形状精度较高，故可采用多块支承板，甚至采用经精磨过的整块大面积支承板定位。这样，对一批已加工过的精基准定位的工件来说，其定位基准的位置可以认为没有任何变动的可能，此时如图 3 – 50（b）所示，其定位误差为 $\Delta_D = \Delta_Y = 0$。

所以，工件以平面支承定位时，基准位移误差只是由定位表面的不平整引起的，一般不予考虑，此时

$$\Delta_Y = 0$$

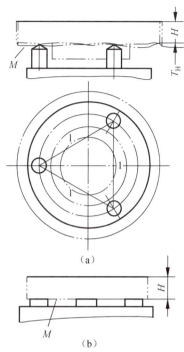

图 3 – 50　平面定位的定位误差
（a）工件以毛坯面定位；
（b）工件以加工过的精基准定位

例1　如图 3 – 51 所示，以 A 面定位加工 ϕ20H8 孔，求加工尺寸 40±0.1 mm 的定位误差。

由图 3 – 51 可知，工序基准为 B 面，定位基准为 A 面，故基准不重合。

解：　　　$\Delta_Y = 0$　（平面定位）

按式（3 – 6）得 $\Delta_B = \sum\limits_{i=1}^{n} T_i \cos\beta$

$$= (0.05 + 0.10) \cos 0°$$
$$= 0.15 \text{（mm）}$$
$$\Delta_D = \Delta_B = 0.15 \text{ mm}$$

因为 $\Delta_D = 0.15 \text{ mm} > \dfrac{0.2}{3} \approx 0.067 \text{ mm}$，已超过该工序尺寸公差的1/3，不能满足加工要求。

图 3 – 51　定位误差计算例 1

2. 工件以圆柱面配合定位

在夹具设计中，圆孔表面定位的主要方式是定心定位，常用的定位元件为各种定位销及定位心轴。一批工件在夹具中以圆孔作为定位基准进行定位时，其可能产生的定位误差将随定位方式和定位时圆孔与定位元件配合性质的不同而各不相同，现分别进行分析和计算。

（1）工件上圆孔与刚性心轴或定位销过盈配合。由于定位副无径向间隙，此时

$$\Delta_Y = 0$$

如图 3 – 52（a）所示，一套类工件铣一平面，要求保证与内孔中心线 O 的距离尺寸为 H_1 或与外圆侧素线的距离尺寸为 H_2，现分析计算采用刚性心轴定位时的定位误差。

画出一批工件定位时可能出现的两种极端位置,如图3-52(b)所示。由图3-52(a)可知,工序尺寸H_1的工序基准为O,工序尺寸H_2的工序基准为A,加工时的定位基准均为工件内孔中心线O。

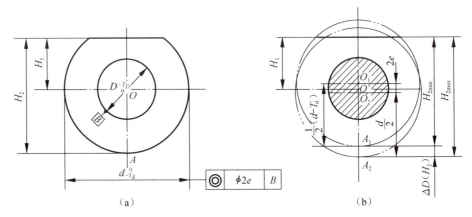

图3-52 套类工件铣平面工序简图及定位误差分析

当一批工件在刚性心轴上定位时,虽然作为定位基准的内孔尺寸在其公差T_D的范围内变动,但由于与刚性心轴系过盈配合,故每个工件定位时的内孔中心线O均与定位心轴中心线O'重合。此时,一批工件的定位基准在定位时没有任何位置变动,即$\Delta_Y = 0$。

对工序尺寸H_1来说,由于工序基准又与定位基准重合(即$\Delta_B = 0$),故其定位误差为

$$\Delta_D = \Delta_B + \Delta_Y = 0 + 0 = 0$$

对工序尺寸H_2来说,因工件的外圆本身尺寸及其对内孔位置均有公差,故工序基准A相对定位基准理想位置的最大变动量为工件外圆尺寸公差的一半与同轴度公差之和,故H_2的定位误差为

$$\Delta_D = \Delta_B = H_{2\max} - H_{2\min} = \frac{T_d}{2} + 2e$$

采用自动定心心轴定位加工时,因系无间隙配合定心定位,故定位误差的分析计算同上。

经分析计算可知,采用这种定位方案设计夹具时,可能产生的定位误差仅与工件有关表面的加工精度有关,而与定位元件的精度无关。

(2) 心轴与定位孔是间隙配合且固定单边接触(定位元件水平放置),如图3-49(b)所示,当心轴水平放置时,工件在自重作用下与心轴固定单边接触,此时

$$\Delta_Y = OO_1 - OO_2 = \frac{D_{\max} - d_{\min}}{2} - \frac{D_{\min} - d_{\max}}{2} = \frac{D_{\max} - D_{\min}}{2} + \frac{d_{\max} - d_{\min}}{2}$$

$$= \frac{T_D + T_d}{2} \tag{3-12}$$

(3) 心轴与定位孔任意边接触(定位元件垂直放置)。如图3-49(c)所示,当心轴垂直放置时,工件水平摆放,定位孔与心轴任意边接触,此时

$$\Delta_Y = D_{\max} - d_{\min} = T_D + T_d + X_{\min} = X_{\max} \tag{3-13}$$

式中 T_D——工件定位孔直径公差;

T_d——定位心轴直径公差；

X_{min}——定位孔与定位心轴间的最小配合间隙；

X_{max}——定位孔与定位心轴间的最大配合间隙。

3. 工件以圆孔在锥度心轴或锥面支承上定位

工件以圆孔表面在锥度心轴或锥面支承上定位，虽可实现定心，保证一批工件定位时的内孔中心线的位置不变，但在内孔轴线方向却产生了定位误差。

图 3–53 为齿轮毛坯以内孔在小锥度心轴上定位，精车加工外圆及端面时的情况。由于一批工件的内孔尺寸有制造误差，将引起工序基准（左侧端面）位置的变动，从而造成工序尺寸 L 的定位误差。此项定位误差与内孔尺寸公差 T_D 及心轴锥度 K 有关，即

$$\Delta_D = l_{max} - l_{min} = \frac{T_D}{K} \tag{3-14}$$

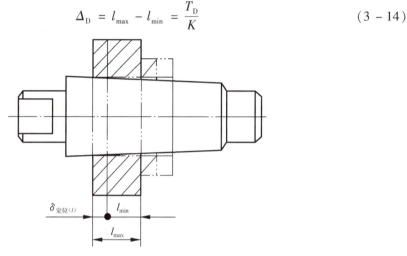

图 3–53　工件圆孔在小锥度心轴定位

因此，用调整法加工时，一般不采用小锥度心轴。

4. 工件以外圆在 V 形块上定位的定位误差

在夹具设计中，外圆表面定位的方式是定心定位或支承定位，常用的定位元件为各种定位套、支承板和 V 形块。采用各种定位套或支承板定位时，定位误差的分析计算与前述圆孔表面定位和平面定位相同，现着重分析和讨论外圆表面在 V 形块上的定位。

图 3–54 所示，在一轴类工件上铣一键槽，要求键槽与外圆中心线对称并保证工序尺寸为 H_1、H_2、H_3，现分别分析计算采用 V 形块定位时的各工序尺寸的定位误差。

工件以其外圆在一支承板上定位，由于工件与支承板接触为外圆上的侧素线，故属于支承定位，此时定位基准即为工件外圆的侧素线。而工件以其外圆在 V 形块上定位时，虽工件与 V 形块（相当于两个成 α 角的支承板）接触亦为工件外圆上的侧素线，但由于定位时系两个侧素线同时接触，故从定位作用来看可认为属于对中定心定位，此时定位基准为工件外圆的中心线。当 V 形块和工件外圆均制造得非常准确时，被定位工件外圆的中心线是确定的，并与 V 形块所确定的理想中心线位置重合。但是，实际上对一批工件来说，其外圆直径尺寸有制造误差，将引起工件外圆中心线在 V 形块的对称中心面上相对理想中心线位置的偏移，从而造成有关工序尺寸的定位误差为

图 3-54 轴类工件铣键槽工序简图及定位误差分析
(a) 工件；(b) 尺寸 H_1 定位误差；(c) 尺寸 H_2 定位误差；(d) 尺寸 H_3 定位误差

$$\Delta_Y = OO_1 = \frac{T_d}{2\sin\frac{\alpha}{2}} \tag{3-15}$$

当 $\alpha = 90°$ 时，$\Delta_d = 0.707 T_d$。

(1) 当工序尺寸为 H_1 时，定位误差分析如图 3-54 (b) 所示，工序基准为工件外圆中心线 O，在 V 形块上定位属于定心定位，其定位基准亦为工件外圆中心线 O，基准重合，即 $\Delta_B = 0$、$\Delta_Y = \frac{T_d}{2\sin\frac{\alpha}{2}}$。所以

$$\Delta_D = \Delta_B + \Delta_Y = 0 + \frac{T_d}{2\sin\frac{\alpha}{2}} = \frac{T_d}{2\sin\frac{\alpha}{2}} \tag{3-16}$$

(2) 当工序尺寸为 H_2 时，定位误差分析如图 3-54 (c) 所示，工序基准为外圆柱面上的上素线，与定位基准不重合，此时 $\Delta_B = \frac{T_d}{2}$、$\Delta_Y = \frac{T_d}{2\sin\frac{\alpha}{2}}$，由于工序基准在定位基面上，因此 $\Delta_D = \Delta_Y \pm \Delta_B$ 或 $\Delta_D = \Delta_Y - \Delta_B$，需判断合成符号。

符号的确定：当定位面直径由大变小时，定位基准朝下运动，使 H_2 变大；当定位基面直径由小变大时，假定定位基准不动，工序基准相对于定位基准向上运动，使 H_2 变小。两

者变动方向相反，故有

$$\Delta_D = \Delta_Y - \Delta_B = \frac{T_d}{2} - \frac{T_d}{2\sin\frac{\alpha}{2}} = \frac{T_d}{2}\left(1 - \frac{1}{\sin\frac{\alpha}{2}}\right) \quad (3-17)$$

（3）当工序尺寸标为 H_3 时，定位误差分析如图 3-54（d）所示，工序基准为外圆柱面上的素线，基准不重合误差仍为 $\Delta_B = \frac{T_d}{2}$、$\Delta_Y = \frac{T_d}{2\sin\frac{\alpha}{2}}$，当定位面直径由大变小时，$\Delta_B$ 和 Δ_Y 都使 H_3 变小，故有

$$\Delta_D = \Delta_B + \Delta_Y = \frac{T_d}{2} + \frac{T_d}{2\sin\frac{\alpha}{2}} = \frac{T_d}{2}\left(1 + \frac{1}{\sin\frac{\alpha}{2}}\right) \quad (3-18)$$

例 2 如图 3-55 所示，工件以圆柱 d_1 外圆定位加工 $\phi10H8$ 孔，已知 $d_1 = \phi30_{-0.01}^{0}$ mm，$d_2 = \phi55_{-0.056}^{-0.010}$ mm，$H = 40 \pm 0.15$ mm，$t = 0.03$ mm，求加工尺寸 40 ± 0.15 mm 的定位误差。

图 3-55　定位误差计算例 2

解：定位基准是圆柱 d_1 的轴线 A，工序基准则在 d_2 外圆的素线 B 上，是相互独立的因素，故可合成。

按式（3-3）得

$$\Delta_B = \sum_{i=1}^{n} T_i \cos\beta = \left(\frac{T_{d_2}}{2} + t\right)\cos 0°$$

$$= \left(\frac{0.046}{2} + 0.03\right) \text{mm}$$

$$= 0.053 \text{ mm}$$

按式（3-12）得

$$\Delta_Y = \frac{T_d}{2\sin\frac{\alpha}{2}} = 0.707 T_{d_1}$$

$$= 0.707 \times 0.01 \text{ mm} = 0.007 \text{ mm}$$

则 $\Delta_D = \Delta_B + \Delta_Y = (0.053 + 0.007)$ mm $= 0.06$ mm

因为 $\Delta_D = 0.06$ mm $< \frac{0.3}{3} = 0.1$ mm，故满足加工要求。

例 3 如图 3-56 所示，用 $\alpha = 90°$ 的 V 形块定位铣轴上键槽，计算定位误差；若不考虑其他误差，判断其加工精度能否满足加工要求？

解：定位基准是外圆 $\phi60_{-0.12}^{0}$ mm 的轴心线，工序基准是 $\phi60_{-0.12}^{0}$ mm 的下素线，且工序基准在定位面上，故可合成。

图 3-56 定位误差计算例 3

由式（3-6）得

$$\Delta_B = \sum_{i=1}^{n} T_i \cos\beta = 0.12 \text{ mm}/2 = 0.06 \text{ mm}$$

由式（3-15）得

$$\Delta_Y = \frac{T_d}{2\sin\frac{\alpha}{2}} = 0.707T = 0.707 \times 0.12 \text{ mm} = 0.085 \text{ mm}$$

当外圆 $\phi 60_{-0.12}^{0}$ mm 增大时，Δ_B 使加工尺寸 $54.5_{-0.25}^{0}$ mm 增大，Δ_Y 使加工尺寸 $54.5_{-0.25}^{0}$ mm 减小，故

$$\Delta_D = |\Delta_Y - \Delta_B| = 0.025 \text{ mm}$$

因为 $\Delta_D = 0.025$ mm $< 0.25/3$ mm，故满足加工要求。

例 4 如图 3-57 所示，用 90°的 V 形块定位，角度铣刀铣平面，保证尺寸（39±0.04）mm。试计算定位误差，判断其加工精度能否满足加工要求？

解：定位基准和工序基准都是外圆 $\phi 80_{-0.04}^{0}$ mm 的轴心线，基准重合，故

$$\Delta_B = 0$$

由式（3-15）得沿 V 形块对称平面的基准位移误差是

$$\Delta_Y = \frac{T_d}{2\sin\frac{\alpha}{2}} = 0.707T = 0.707 \times 0.04 \text{ mm} = 0.028 \text{ mm}$$

图 3-57 定位误差计算例 4

将 Δ_Y 投影到加工尺寸（39±0.04）mm 方向，即

$$\Delta_D = \Delta_Y \cos 30° = (0.028 \times 0.866) \text{ mm} = 0.024 \text{ mm}$$

因为 $\Delta_D = 0.024$ mm $< 0.08/3$ mm（0.0267 mm），故满足加工要求。

5. 工件以圆锥表面定位时的定位误差

在夹具设计中，圆锥表面的定位方式是定心定位，常用的定位元件为各种圆锥心轴、圆锥套和顶尖。此种定位方式由于工件定位表面与定位元件之间没有配合间隙，故可获得很高的定心精度，即工件定位基准的位置误差为零。但由于定位基准——圆锥表面直径尺寸不可能制造得绝对准确和一致，故在一批工件定位时将产生沿工件轴线方向的定位误差。如图 3-58 所示即为由于工件锥孔直径尺寸偏差和轴类工件顶尖孔尺寸偏差引起的工序尺寸 L 的定位误差及轴类工件基准 A 的定位误差，其大小均与锥孔（或顶尖孔）的尺寸公差 T_D 和圆锥心轴（或顶尖）的锥角 α 有关，即

$$\Delta_{D(l)} = \frac{T_D}{2}\cot\frac{\alpha}{2} \qquad (3-19)$$

$$\Delta_{D(A)} = \frac{T_D}{2}\cot\frac{\alpha}{2} \qquad (3-20)$$

五、表面组合定位时的定位误差

在机械加工中，有很多工件是以多个表面作为定位基准，在夹具中实现表面组合定位

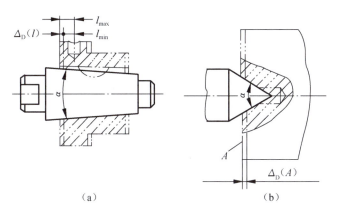

图 3–58 圆锥表面定位的定位误差
(a) 锥度心轴定位;(b) 顶尖定位

的。譬如,箱体类工件以 3 个相互垂直的平面或一面两销组合定位,套类、盘类或连杆类工件以平面和内孔表面组合定位,以及阶梯轴类工件以两个外圆表面组合定位等。

采用表面组合定位时,由于各个定位基准面之间存在着位置偏差,故在定位误差的分析和计算时也必须加以考虑。为了便于分析和计算,通常把限制自由度最多的主要定位表面称为第一定位基准,然后再依次划分为第二、第三定位基准。一般来说,采用多个表面组合定位的工件,其第一定位基准的位置误差最小,第二定位基准次之,而第三定位基准的位置误差最大。下面将对几种典型的表面组合定位时的定位误差进行分析和计算。

1. 平面组合定位

图 3–59 (a) 所示为长方体工件以 3 个相互垂直的平面为定位基准,在夹具上实现平面组合定位的情况。为达到完全定位,工件以底面 A 与夹具上处于同一平面的 6 个支承板 1 接触,限制了 3 个自由度,属于第一定位基准;工件以侧面与夹具上处于同一直线上的两个支承钉 2 接触,限制了 2 个自由度,属于第二定位基准;工件上的 C 面与夹具上的一个支承钉 3 接触,限制了一个自由度,属于第三定位基准。

当一批工件在夹具中定位时,由于工件上 3 个定位基准面之间的位置(即垂直度)不可能做得绝对准确,它们之间存在着角度偏差(偏离 90°)±$\Delta\alpha$、±$\Delta\beta$、±$\Delta\gamma$,将引起各定位基准的位置误差。如图 3–59 (b) 所示,工件上的 A 面已经过加工,按前述平面定位时的定位误差分析可知,其定位基准的位置几乎没有什么变动,即基准位移误差可以忽略不计。对于工件上的第二定位基准 B 面,则由于与 A 面有角度偏差,±$\Delta\alpha$ 将造成此定位基准的位移误差 Δ_Y 和角度误差 $\Delta_{角度}$,其值可由图示的几何关系求得。

$$\Delta_Y = \pm(H - H_1)\tan\Delta\alpha \quad \left(当 H_1 < \frac{H}{2} 时\right) \tag{3-21}$$

或者

$$\Delta_Y = \pm H_1\tan\Delta\alpha \quad \left(当 H_1 > \frac{H}{2} 时\right) \tag{3-22}$$

$$\Delta_{角度} = \pm\Delta\alpha$$

同理,工件上的第三定位基准 C 面,由于与 A 面和 B 面均有角度偏差 ±$\Delta\beta$ 及 ±$\Delta\gamma$,故在定位时将造成更大的基准位移误差和基准角度误差。

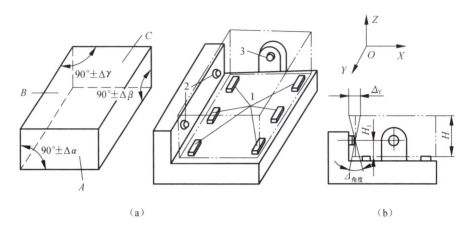

图 3-59 长方体工件的平面组合定位及定位误差分析
(a) 工件定位方式；(b) 定位误差分析
1—支承板；2,3—支承钉

例 5 如图 3-60 所示，在卧式铣床上用三面刃铣刀加工一批长方形工件，工件在夹具中实现完全定位。图 3-60 (a) 为该工件的工序简图，计算工序尺寸 H、L_1 的定位误差及加工面对 A 面的平行度误差。

图 3-60 长方形工件加工工序简图及定位误差分析

解：根据图 3-60 (b) 所示的几何关系可知

$$\Delta_{D(H)} = \Delta_{Y(H)} + \Delta_{B(H)} = 0$$

$$\Delta_{D(L_1)} = L_{1max} - L_{1min} = \Delta_{Y(L_1)} + \Delta_{B(L_1)}$$

$$= 2 \times (15 \times \tan 18') \text{ mm} + 2 \times 0.07 \text{ mm}$$

$$= 0.296 \text{ mm}$$

由式 (3-21) 得知：

$$\Delta_{D(平行度)} = \pm (25 - 15)\tan 18' = \pm 10\tan 18' \text{ mm} = \pm 0.052 \text{ mm}$$

经过分析和计算，工序尺寸 L_1 的定位误差已超过该工序尺寸公差的 1/3，不能满足加工要求，故需改变定位方案。

2. 平面与内孔组合定位

在加工箱体、支架类零件时，常用工件的一面两孔定位，使其基准统一。如图 3-61 所示，为一长方体工件及其在一面两销上的定位情况，这种定位方式的定位元件为支承板、圆柱定位销和菱形销。支承板限制 3 个自由度，圆柱定位销限制 2 个自由度，菱形销限制 1 个自由度。

一批工件在夹具中定位时，工件上作为第一定位基准的底面 1，没有基准位移误差。但作为第二、第三定位基准的 O_1、O_2，由于与定位销的配合间隙及两孔、两销中心距误差引起的基准位移误差必须考虑，计算方法如式（3-13）。同时，还要考虑转角误差，下面介绍计算方法。

如图 3-62 所示，当工件歪斜时会影响平行度公差，由图可得工件的转角误差：

图 3-61 长方体工件在夹具中一面两销上的定位

1—底面；2—O_1；3—O_2

$$\tan\Delta\alpha = \frac{X_{1\max} + X_{2\max}}{2L}$$

$$= \frac{T_{D_1} + T_{d_1} + X_{1\min} + T_{D_2} + T_{d_2} + X_{2\min}}{2L}$$

(3-23)

式中 T_{D_1}，T_{D_2}——工件定位孔的直径公差（mm）；

T_{d_1}——圆柱定位销的直径公差（mm）；

T_{d_2}——菱形销的直径公差（mm）；

$X_{1\min}$——圆柱定位销与孔间的最小间隙（mm）；

$X_{2\min}$——菱形定位销与孔间的最小间隙（mm）；

L——中心距（mm）。

图 3-62 工件转角误差计算方法

例 6 如图 3-63（a）所示泵前盖简图，加工工序为镗削 $\phi 41^{+0.023}_{0}$ mm 孔，铣削两端面

尺寸 $107.5_0^{+0.3}$ mm，一面两孔定位设计如图 3-63（b）所示，试分析计算定位误差。

解：由图 3-63 可知，定位孔的公差 $T_{D_1} = T_{D_2} = 0.016$ mm；定位销公差 $T_{d_1} = 0.015$ mm、$T_{d_2} = 0.009$ mm；最小间隙 $X_{1min} = 0$、$X_{2min} = 0.016$ mm；中心距公差 $T_L = 0.01$ mm。

（1）垂直度公差 0.05 mm 定位分析。由于基准重合且平面定位，故
$$\Delta_D = 0$$

（2）对称度公差 0.03 mm 定位分析。由于定位基准和工序基准都是两销孔的连线，故
$$\Delta_B = 0$$

图 3-63 泵前盖的简图

(a) 泵前盖简图；(b) 泵前盖定位设计

按式（3-13）计算 Δ_Y 得
$$\Delta_Y = T_{D_1} + T_{d_1} + X_{min} = (0.016 + 0.015) \text{ mm} = 0.031 \text{ mm}$$
$$\Delta_D = \Delta_Y = 0.031 \text{ mm}$$

（3）平行度公差 0.05 mm 误差分析。由式（3-21）得
$$\tan\Delta a = \frac{0.016 + 0.015 + 0 + 0.016 + 0.009 + 0.016}{2 \times 156} \text{ mm} = 0.00023 \text{ mm}$$
$$\Delta_Y = \frac{0.023}{100} \text{ mm}$$

因 $\Delta_B = 0$,所以定位误差 $\Delta_D = \Delta_Y = \dfrac{0.023}{100}$ mm。

3. 外圆与外圆组合定位

图 3-64 为阶梯轴以两个外圆表面 d_1 和 d_2 为定位基准,放置在两个不等高的短 V 形块上实现组合定位的情况。现分析计算在轴颈上铣半圆键及在端面上钻孔时工序尺寸的定位误差。

(1) 在阶梯轴轴颈 d_2 上铣半圆键的工序尺寸 H。

(2) 工序尺寸 H 的工序基准为轴颈 d_2 的下素线 A,定位基准为阶梯轴两轴颈 d_1、d_2 中心连线 O_1O_2,属于基准不重合情况。由于两轴颈有尺寸公差 T_{d_1} 及 T_{d_2},故定位基准 O_1O_2 在一批工件定位时也将产生位置变动,即产生基准位移误差 $\Delta_Y(O_1O_2)$。当两个轴颈均为最大尺寸和均为最小尺寸时,此定位基准 O_1O_2 处于两个极端位置 $O'_1O'_2$ 及 $O''_1O''_2$。从图 3-64 所示的几何关系可求得工序尺寸 H 的定位误差为

图 3-64 阶梯轴以两个外圆表面组合定位时的定位误差

$$\Delta_D(H) = \Delta_Y(O_1O_2) - \Delta_B(A) = MN - \dfrac{T_{d_2}}{2}$$

因

$$MN = O'_1O''_1 + \dfrac{L_1}{L}(O'_2O''_2 - O'_1O''_1)$$

$$O'_1O''_1 = \dfrac{T_{d_1}}{2\sin\dfrac{\alpha}{2}}$$

$$O'_2O''_2 = \dfrac{T_{d_2}}{2\sin\dfrac{\alpha}{2}}$$

故

$$\Delta_D(H) = \dfrac{T_{d_1}}{2\sin\dfrac{\alpha}{2}} + \dfrac{L_1}{L}\left(\dfrac{T_{d_2}}{2\sin\dfrac{\alpha}{2}} - \dfrac{T_{d_1}}{2\sin\dfrac{\alpha}{2}}\right) - \dfrac{T_{d_2}}{2}$$

(3) 在阶梯轴端面上钻孔的工序尺寸 r。

工序尺寸 r 的工序基准为阶梯轴两轴颈中心连线 O_1O_2,定位基准亦为 O_1O_2,无基准不重合误差,即 $\Delta_B(O_1O_2) = 0$。同铣半圆键一样,定位基准仍有基准位置误差。当阶梯轴两轴颈一为最大尺寸一为最小尺寸时,其定位基准 O_1O_2 的两种极端位置为 $O'_1O''_2$ 及 $O''_1O'_2$。此时,对工序尺寸 r 的基准位置误差为 $\Delta_Y(O_1O_2) = M'N'$。从图中所示的几何关系可求出

工序尺寸 r 的定位误差为

$$\Delta_D(r) = \Delta'_Y(O_1O_2) + \Delta_B(O_1O_2) = \Delta_Y(O_1O_2) + 0 = M'N'$$

因

$$M'N' = M'N'' - N'N'' = \frac{L_2}{L}(O'_1O''_1 + O'_2O''_2) - O'_1O''_1$$

故

$$\Delta_D(r) = \frac{L_2}{L}\left(\frac{T_{d_1}}{2\sin\frac{\alpha}{2}} - \frac{T_{d_2}}{2\sin\frac{\alpha}{2}}\right) - \frac{T_{d_2}}{2\sin\frac{\alpha}{2}}$$

由上面阶梯轴加工时的定位误差分析可知，力求得可能出现的定位误差的最大值，对一批工件定位时可能出现的两个极端位置的选取将随工序尺寸所在部位的不同而不同。对工序尺寸 H，因其处于两 V 形块之间，取 $O'_1O'_2$ 及 $O''_1O''_2$ 两个极端位置；而对于工序尺寸 r，因其处于两 V 形块之外，则应取 $O'_1O''_2$ 及 $O''_1O'_2$ 两个极端位置。对以一面二孔定位的工件，其定位误差分析也有相似情况，在进行分析计算时应加以注意。

3.2.5 定位设计

一、定位设计的基本原则

为满足夹具设计的要求，定位设计应遵循以下原则：
（1）遵循基准重合原则。使定位基准与工序基准重合，在多工序加工时还应遵循基准统一原则。
（2）合理选择主要定位基准。主要定位基准应有较大的支承面，较高的精度。
（3）便于工件的装夹和加工，并使夹具的结构简单。

如图 3-65（a）所示为壳体零件简图，在车床上加工 $\phi52J7$ 孔。其工序尺寸 120 ± 0.2 mm 的工序基准为 C 面，平行度公差 0.03 mm 的工序基准也为 C 面，垂直度公差 0.03 mm 的工序基准为 A（$\phi62J7$ 的轴心线）。由于选择 C 面为工序基准会使夹具的结构复杂，且使工件定位不稳固，故改为以 D 面作主要定位基准。为此，按工序尺寸链反算，加工尺寸 170 mm 为 170 ± 0.1 mm（工序尺寸），则新的工序尺寸为 $x=50\pm0.1$ mm。夹具的结构如图 3-65（b）所示，用尺寸 50 mm 代替尺寸 120 mm，对尺寸 120 ± 0.2 mm 而言，$\Delta_D=\Delta_B=0.2$ mm。从上述分析可见，由于基准的不重合会对位置精度有所影响，故应同样将工件 D 面的位置精度控制在（1/3）T 以内，以减小基准不重合误差。经这样处理后，能满足定位的稳固和精度要求。

二、对定位元件的要求

1. 足够的精度

由于定位误差的基准位移误差直接与定位元件的定位表面有关，因此，定位元件的定位表面应有足够的精度，以保证工件的加工精度。例如，V 形块的半角公差、V 形块的理论圆中心高度尺寸、圆柱心轴定位圆柱面的圆度、支承板的平面度公差等，都应有足够的制造精度。通常，定位元件的定位表面还应有较小的表面粗糙度值，一般不低于 $Ra0.80$ μm。

2. 足够的储备精度

由于定位是通过工件的定位基准与定位元件的定位表面相接触来实现的，而工件的装卸

图 3-65 壳体零件车床夹具定位设计
(a) 壳体零件；(b) 壳体零件车床夹具

将会使定位元件磨损，使定位精度下降。因此，为了提高夹具的使用寿命，定位元件表面应有较高的硬度和耐磨性。特别是在产品较固定的大批量生产中，应注意提高定位元件的耐磨性，以使夹具有足够的储备精度。通常工厂可以按生产经验和工艺资料对主要定位元件，如V形块、心轴等制定磨损公差，以保证夹具在使用周期内的精度。不同的材料有不同的力学性能，定位元件常用的材料有优质碳素结构钢20钢、45钢、65Mn，工具钢T8、T10，合金结构钢20Cr、40Cr以及硬质合金等，经淬火或渗碳淬火达到相应的硬度要求。

3. 足够的强度和刚度

通常对定位元件的强度和刚度是不作校核的，但是在设计时仍应注意定位元件危险断面的强度，以免使用中损坏；而定位元件的刚度也往往是影响加工精度的因素之一。因此，可用类比法来保证定位元件的强度和刚度，以缩短夹具设计的周期。

4. 应协调好与有关元件的关系

在定位设计时，还应处理、协调好与夹具体、夹紧装置、对刀导向元件的关系。有时定位元件还需留出排屑空间等，以便于刀具进行切削加工。

5. 良好的结构工艺性

定位元件的结构应符合一般标准化要求，并应满足便于加工、装配、维修等工艺性要求。通常标准化的定位元件有良好的工艺性，设计时应优先选标准定位元件。

例7 如图 3-66 所示为拨叉零件。要求钻削 M10 螺孔的底孔 $\phi 8.9$ mm，要保证与 C 面的距离为 (31.7 ± 0.15) mm；相对 $\phi 19_{\ 0}^{+0.045}$ mm 孔轴线的对称度公差为 0.2 mm。

图 3-66 拨叉零件

本工序所用机床为 Z525 立式钻床，定位设计如下：

（1）分析与加工要求有关的自由度。与对称度公差 0.2 mm 有关的自由度为 $\vec{y}$、$\vec{z}$ 两个；与工序尺 31.7 ± 0.15 mm 有关的自由度为 $\vec{x}$、$\vec{y}$、$\vec{z}$ 三个；与尺寸 $\phi 17_{+0.07}^{+0.21}$ mm 槽位置有关的自由度为 $\hat{x}$。综合后得与加工要求有关的自由度为 $\vec{x}$、$\vec{y}$、$\hat{x}$、$\hat{y}$、$\hat{z}$。

（2）选择定位基准，并确定定位方式。按基准重合原则选择 $\phi 19_{\ 0}^{+0.045}$ mm 孔、$\phi 17_{+0.07}^{+0.21}$ mm 槽和 C 面为定位基准。其中 $\phi 19_{\ 0}^{+0.045}$ mm 孔作主要定位基准，限制 $\vec{y}$、$\vec{z}$、$\hat{y}$、$\hat{z}$ 四个自由度，C 面布置一个支承点，限制工件的 $\vec{x}$ 自由度；$\phi 17_{+0.07}^{+0.21}$ mm 槽处的支承点，限制工件的 $\hat{x}$ 自由度。

（3）选择定位元件结构。$\phi 19_{\ 0}^{+0.045}$ mm 孔采用定位轴 2 定位，其定位面尺寸公差为 $\phi 19 h7 \ (_{-0.021}^{\ \ 0})$ mm。$\phi 17_{+0.07}^{+0.21}$ mm 槽采用定位销 3 定位，其规格为 A17.07f7×16GB/T 2203，定位面尺寸为 $17.07 f7 \ (_{-0.034}^{-0.016})$ mm。C 面用平头支承钉 A16×16GB/T 2226。各定位元件的结构和布置如图 3-67 所示。在结构设计时应注意协调与其他元件的关系。特别注意定位元件在夹具体上的位置。

（4）分析定位误差。

① 对称度公差 0.2 mm。对称度 0.2 mm 的定位基准和工序基准都是 $\phi 19_{\ 0}^{+0.045}$ mm 孔的中心线，基准重合，故

$$\Delta_B = 0$$

按式（3-13）计算得

图 3-67 定位设计

1—夹具体；2—定位轴；3—挡销；4—支承钉

$$\Delta_Y = T_D + T_d + X_{min} = (0.045 + 0.021)\ mm = 0.066\ mm$$
$$\Delta_D = \Delta_Y = 0.066\ mm$$

② 工序尺寸 (31.7±0.15) mm。由于基准重合又是平面定位，故 $\Delta_B=0$，$\Delta_Y=0$，则 $\Delta_D=0$。

3.3 任务实施

如图 3-1 所示零件，其余表面均已加工好，大批量生产，钻、铰 φ9H7 孔，根据零件加工要求分析零件定位。

1. 零件技术要求分析

钻、铰 φ9H7 孔时，必须保证孔 φ8H7 中心线与 φ9H7 中心线的距离尺寸 20±0.05 mm 和孔 φ9H7 中心线与 B 面的垂直度 0.05 mm。使孔 φ9H7 中心线在尺寸 26 mm 的对称中心线上。

2. 分析必须要限制哪些自由度

为了保证孔 φ9H7 中心线与孔 φ8H7 中心线的距离尺寸 20±0.05 mm 的精度要求，必须要限制 $\vec{x}$、$\vec{y}$ 和 $\vec{z}$；为了保证孔 φ9H7 中心线与 B 面的垂直度 0.05 mm，必须要限制 $\hat{x}$、$\hat{y}$；为了保证孔 φ9H7 中心线在尺寸 26 mm 的对称中心线上，必须要限制 $\vec{y}$。综合后定位时必须限制 $\vec{x}$、$\vec{y}$、$\hat{x}$、$\hat{y}$、$\vec{z}$ 5 个自由度。

3. 定位方案设计

根据工件的特点和基准重合原则，选 B 面作主要定位基准，支承板与其接触限制 $\vec{z}$、$\hat{x}$、$\hat{y}$ 3 个自由度；长菱形销与 φ8H7 外圆接触定位，限制 $\vec{x}$ 和 $\vec{z}$ 两个自由度；长菱形销轴肩端面与工件侧面接触，限制 $\vec{y}$ 自由度。如图 3-68 所示。

4. 定位误差分析

（1）尺寸 20±0.05 mm。

$\Delta_B=0$，由式（3-13）计算得

$$\Delta_D = \Delta_Y = T_D + T_d + X_{min}$$

图 3-68 支架的定位方案

1—支承板；2—长菱形销

$$= (0.015 + 0.009 + 0) \text{mm} = 0.024 \text{ mm}$$

（2）垂直度公差 0.05 mm。

$\Delta_B = 0$，$\Delta_Y = 0$，则 $\Delta_D = 0$。

>> 企业专家点评

第二重型机械集团公司何丁勇高级工程师：定位是保证加工质量的关键，在工厂里不论是操作岗位工人还是夹具设计岗位的技术人员，都应该掌握定位的理论知识和分析方法，掌握定位元件的设计和选用。该教学单元理论知识合理，自由度和定位误差分析透彻，实例丰富且有代表性。特别是定位设计实例分析对学生应用知识的能力培养很重要。

习题与训练

3-1　什么是定位？简述工件定位的基本原理。

3-2　机床夹具由哪几部分组成？主要功能有哪些？

3-3　什么是不完全定位？在什么情况下采用不完全定位？

3-4　根据工件加工要求分析图3-69中各图理论上应该限制哪些自由度。

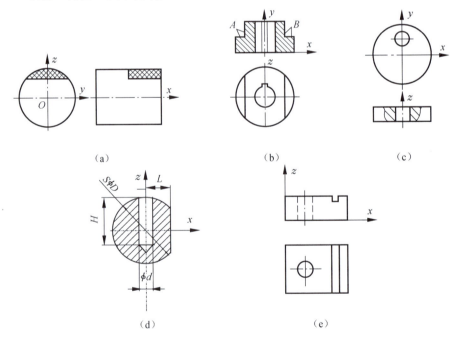

图 3-69　题 3-4 图

（a）铣平面；（b）铣 A、B 面；（c）钻孔；（d）钻孔；（e）铣削通槽

3-5　辅助支承有何作用？

3-6　根据六点定位原理分析图3-70所示的各定位方案的定位元件所限制的自由度。

图 3-70 题 3-6 图

3-7　什么是基准不重合误差？什么情况下基准不重合误差为零？

3-8　如图3-71所示为镗削 $\phi 30H7$ 孔时的定位，试计算定位误差。

图 3-71　题 3-8 图

3-9　图 3-72 中所示工件，加工工件上 Ⅰ、Ⅱ、Ⅲ 三个小孔，请分别计算 3 种定位方案的定位误差并说明哪个定位方案好。V 形块 $\alpha = 90°$。

图 3-72　题 3-9 图

教学单元 4

工件的夹紧

≫ 学习要求与重点

通过本教学单元的学习，了解夹紧装置组成及夹紧装置的设计要求；掌握确定夹紧力方向、作用点的原则及应用；懂得确定夹紧力大小的方法、减小夹紧变形的措施；掌握各种基本夹紧机构的工作原理、自锁条件、结构特点和应用，了解夹紧动力系统的类型、工作原理及应用。重点一是能根据工件的结构和定位要求确定夹紧力方向、作用点；二是会分析斜楔夹紧机构的受力图、自锁条件、增力特性和夹紧行程；三是借助于《机床夹具手册》及夹具图册完成夹紧机构的选用和设计。

4.1 任务引入

如图 4-1（a）所示是方肩轴零件，定位基准如图所示，要大批量生产铣 $30_{-0.10}^{0} \times 30_{-0.10}^{0}$ mm 方头，其夹具如图 4-1（b）所示，长 V 形块 8 定位限制 4 个自由度，回转座 4 定位限制 1 个自由度。采用平行对向式多位联动夹紧结构，旋转夹紧螺母 6，通过球面垫圈及压板 7 将工件压紧在 V 形块上。4 把三面刃铣刀同时铣完两侧面后，取下楔块 5，将回转座 4 转过 90°，再用楔块 5 将回转座锁紧，即可铣工件的另两个侧面。本学习单元将学习夹紧力和夹紧机构的知识。

4.2 相关知识

工件在夹具中的装夹是由定位和夹紧这两个过程紧密联系在一起的。定位问题已在前面研究过。仅仅定好位，在大多数场合下，还无法进行加工。只有在夹具上设置相应的夹紧装置对工件实行夹紧，保持工件在定位中所获得的既定位置，以便在切削力、重力、惯性力等外力作用下，不发生移动和振动，确保加工质量和生产安全，才能完成工件在夹具中装夹的全部任务。

4.2.1 夹紧装置的组成和基本要求

一、夹紧装置的组成

夹紧装置分为手动夹紧和机动夹紧两类。根据结构特点和功用，典型夹紧装置由 3 部分组成，如图 4-2 所示。

图 4-1 轴端铣方头工件的装夹
（a）方肩轴零件；（b）铣方肩夹具
1—夹具体；2—定位键；3—手柄；4—回转座；5—楔块；6—螺母；7—压板；8—V 形块

图 4-2 夹紧装置的组成
1—气缸；2—斜楔；3—滚子；4—压板；5—工件

1. 力源装置

它是产生夹紧力的装置。通常是指机动夹紧时所用的气压装置、液压装置、电动装置、磁力装置、真空装置等。图 4-2 中的气缸 1，便是机动夹紧中的一种气压装置。手动夹紧时的力源由人力保证，它没有力源装置。

2. 中间传力机构

通常，力源装置所产生的源动力不直接作用在夹紧元件上，而是通过中间环节来进行力的传递。这种介于力源装置和夹紧元件间的中间环节称为中间传力机构。图 4-2 中的斜楔 2 和滚子 3 即组成了该夹紧装置的中间传力机构。其目的是将气缸所产生的水平源动力进行放大，传给夹紧元件，得到一个所需的垂直向下的夹紧力。

3. 夹紧元件

它是实现夹紧的最终执行元件。通过它和工具直接接触而完成夹紧工件，如图 4-2 中的压板4、三爪卡盘中的卡爪、虎钳的钳口等都属夹紧元件。

二、夹紧装置的设计要求

夹紧装置的设计和选用是否正确合理,对于保证加工质量、提高生产率、减轻工人劳动强度有很大影响。为此,对夹紧装置提出了如下基本要求。

(1) 夹紧力应有助于定位,而不应破坏定位。

(2) 夹紧力的大小应能保证加工过程中工件不发生移动和振动,并能在一定范围内调节。

(3) 工件在夹紧后的变形和受压表面的损伤不应超出允许的范围。

(4) 应有足够的夹紧行程,手动时要有一定的自锁作用。

(5) 结构紧凑、动作灵活,制造、操作、维护方便,省力、安全,并有足够的强度和刚度。

为满足上述要求,核心问题是正确地确定夹紧力。

4.2.2 夹紧力的三个要素

根据力学的基本知识可知,要表述和研究任何一个力,必须掌握力的3个要素,即:力的大小、方向和作用点。对于夹紧力来说,也不例外。下面提到的有关设计和选用夹紧装置的基本准则,也主要是从正确确定夹紧力的大小、方向和作用点来考虑的。

一、夹紧力的方向

1. 夹紧力的方向应有助于定位稳定,且主要夹紧力应垂直于主要定位基准面

为使夹紧力有助于定位,工件应紧靠支承点,并保证各个定位面与定位元件接触可靠。一般地讲,工件的主要定位基准面面积较大、精度较高,限制的自由度多,夹紧力垂直作用于此面上,有利于保证工件的加工质量。

如图4-3(a)所示,被加工孔与左端面有垂直度要求。因此,要求夹紧力F_W朝向定位元件A面。如果夹紧力改朝B面,由于工件左端面与底面的夹角误差,夹紧时将破坏工件的定位,影响孔与左端面的垂直度要求。又如图4-3(b)所示,夹紧力F_W应在V形块的对称平面上且垂直向下,以使工件与定位支承面稳定接触。

图4-3 夹紧力的方向朝向主要定位面

2. 夹紧力方向应有利于减小夹紧力

在保证夹紧可靠的情况下，减小夹紧力可以减轻工人的劳动强度，提高生产效率，同时还可以使机构轻便、紧凑，减少工件变形。为此，应使夹紧力的方向最好与切削力 P、工件重力 G 重合，这时所需要的夹紧力为最小。如图 4-4（a）所示，主要定位基准面处于水平位置，使夹紧力 F_W 与切削力 P、工件重力 G 同方向，都垂直作用在主要定位基准面上，加工过程所需的夹紧力可最小。图 4-4（b）夹紧力 F_W 和切削力 P、重力 G 反向，夹紧力需满足 $F_W \geq P+G$。图 4-4（c）、图 4-4（d）是依靠工件与夹紧接触面上的摩擦力来平衡的，特别是图 4-4（d）的情况，所需夹紧力最大。

图 4-4 夹紧力方向与夹紧力大小的关系

3. 夹紧力方向应是工件刚性较好的方向

夹紧力方向应是工件刚性较好的方向，以减小工件变形。这一原则对刚性差的工件特别重要。由于工件在不同方向上刚度是不等的，不同的受力表面也因其接触面积大小而产生不同的变形，尤其在夹压薄壁件时，更应注意。如图 4-5 所示，薄套件径向刚性差而轴向刚性好，应采用图 4-5（a）所示夹紧方案，可避免工件发生严重的夹紧变形和产生较大的加工误差，尽量避免采用图 4-5（b）所示的方法夹紧。

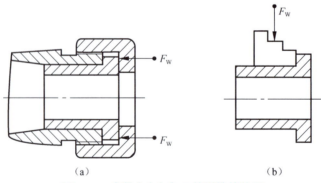

图 4-5 夹紧力方向与工件刚性的关系
(a) 轴向夹紧；(b) 径向夹紧

二、夹紧力的作用点

夹紧力的作用点是指夹紧件与工件接触的一小块面积。作用点的选择问题是在夹紧方向已定的情况下才提出的。确定夹紧力作用点的位置和数目时，应考虑工件定位可靠，防止夹紧变形，确保工序的加工精度，应根据下述原则确定作用点的位置。

1. 夹紧力的作用点应落在定位元件的支承范围内

对于主要定位支承面，夹紧力作用点应设置在3个支承点所形成的三角形之内；对于导向定位支承面，夹紧力作用点应设置在两个支点连线上；对于止推定位支承面，夹紧力作用点应对准支承点。

如图4-6（b）、图4-6（c）、图4-6（e）、图4-6（g）布置的作用点全落在支承范围内，有助于定位稳定；图4-6（d）、图4-6（f）、图4-6（h）所示的夹紧力作用点落到了定位元件支承范围之外，夹紧时将破坏工件的定位，因而是错误的。

图4-6　夹紧力作用点与定位支承的位置关系

(a) 夹紧力的作用点选择示意；(b)，(c)，(e)，(g) 正确；(d)，(f)，(h) 错误

2. 夹紧力的作用点应选在工件刚性较好的部位

这样不仅能增强夹紧系统的刚性，而且可使工件的夹紧变形降至最小。如图4-7所示，夹紧薄壁箱体时，图4-7（a）中工件的夹紧变形最小，夹紧也较可靠。图4-7（b）夹紧力作用在箱体顶面的一点，会使工件产生较大的变形。

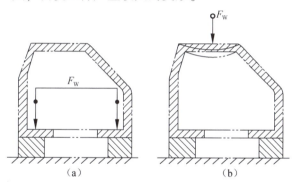

图4-7　夹紧力的作用点在工件刚性好的部位

3. 夹紧力的作用点应尽量靠近加工表面

夹紧力的作用点靠近加工表面，可减小切削力对该点的力矩并可减少振动。在切削力大小相同的情况下，图 4-8（a）、图 4-8（c）所用的夹紧力较小。

图 4-8 夹紧力的作用点应尽量靠近加工部位

当夹紧力的作用点只能远离加工面，造成工件安装刚性较差时，应在靠近加工面附近设置辅助支承，并施加辅助夹紧力，以减小振动。如图 4-9 所示，由于加工部位刚度较低，增加了辅助支承2，并尽量靠近被加工表面，同时给予夹紧力 F_{W1}，这样使得翻转力矩小而且还增加了工件的刚性，既保证了定位夹紧的可靠性，又减小了振动和变形。

图 4-9 增设辅助支承的辅助夹紧力
1—工件；2—辅助支承；3—铣刀

三、夹紧力的大小

夹紧力的大小必须适当。夹紧力过小，工件可能在加工过程中移动而破坏定位，不仅影响质量，还可能造成事故；夹紧力过大，不但会使工件和夹具产生变形，对加工质量不利，而且造成人力、物力的浪费。

加工过程中，工件受到切削力、离心力、惯性力及重力等的作用。理论上夹紧力的大小应与这些力或力矩的作用相平衡。而实际上，夹紧力的大小还与工艺系统的刚度、夹紧机构的传递效率等因素有关，而且切削力的大小在加速过程中是变化的，因此，夹紧力的计算是很复杂的。在实际设计中常采用估算法、类比法和试验法确定所需的夹紧力。

当采用估算法确定夹紧力的大小时，为简化计算，通常将夹具和工件看作一个刚性系统。根据工件所受切削力、夹紧力（大型工件应考虑重力、惯性力等）的作用情况，分析加工过程中夹紧力最不利的状态，估算此状态所需的夹紧力，只考虑主要因素在力系中的影响，按静力平衡原理计算出理论夹紧力，最后再乘以安全系数作为实际所需夹紧力，即

$$F_{WK} = KF_W \tag{4-1}$$

式中　F_{WK}——实际所需夹紧力（N）；
　　　F_W——理论夹紧力（N）；
　　　K——安全系数。

安全系数 K 按下式计算：

$$K = K_0 K_1 K_2 K_3 K_4$$

式中　$K_0 \sim K_4$——根据生产经验考虑各种影响因素的安全系数，见表4-1。

表4-1　安全系数 $K_0 \sim K_4$ 的数值

考虑的因素		系数值
K_0——基本安全系数（考虑工件材质、加工余量不均匀）		1.2~1.5
K_1——加工性质系数	粗加工	1.2
	精加工	1.0
K_2——刀具钝化系数		1.1~1.3
K_3——切削特点系数	连续切削	1.0
	断续切削	1.2
K_4——夹紧力稳定系数	机动夹紧	1.0
	手动夹紧	1.3

夹紧工件所需夹紧力的大小，除与切削力的大小有关外，还与切削力对定位支承的作用方向有关。下面通过实例进行分析计算。

例1　用三爪卡盘夹持工件车削端面时夹紧力的计算，如图4-10所示。

解：图4-10所示工件用三爪卡盘夹紧，车削时受切削分力 F_x、F_y、F_z 的作用。主切削力 F_z 形成的转矩为 $F_z(d/2)$，使工件相对卡盘顺时针转动；F_y 和 F_z 还一起以工件为杠杆，力图扳松卡爪；F_x 与卡盘的端面反力相平衡。为简化计算，工件较短时只考虑切削转矩的影响，忽略 F_y。根据静力平衡条件并考虑安全系数，需要每个卡爪实际输入的夹紧力为

$$F_z \frac{d_0}{2} = 3F_W f \frac{d}{2}$$

$$F_{WK} = K'F_W = \frac{K'F_z}{3f}（当\ d \approx d_0\ 时）$$

图 4-10 车削加工所需夹紧力

1—三爪卡盘；2—工件；3—车刀

式中 f——工件与卡爪间的摩擦系数。

当工件的悬伸长 L 与夹持直径 d 之比 $L/d > 0.5$ 时，F_y 对夹紧的影响不能忽略，可乘以修正系数 K' 补偿，K' 值按 L/d 的比值在表 4-2 内选取。

表 4-2 修正系数 K' 的数值

L/d	0.5	1.0	1.5	2.0
K'	1.0	1.5	2.5	4.0

例 2 铣削：卧铣夹持工件在六点支承夹具中定位用圆柱铣刀铣平面时的夹紧力的计算，如图 4-11 所示。

图 4-11 铣削加工所需夹紧力

1—压板；2、6—导向支承；3—工件；4—铣刀；5—止推支承

解：当铣削到切削深度最大时，引起工件绕止推支承 5 翻转为最不利的情况，其翻转力矩为 FL；而阻止工件翻转的支承 2、6 上的摩擦力矩为 $F_{N1}fL_1 + F_{N2}fL_2$，工件重力及压板与工件间的摩擦力可以忽略不计。当 $F_{N2} = F_{N1} = F_W/2$ 时，根据静力平衡条件并考虑安全系数，得

$$FL = \frac{F_W}{2}fL_1 + \frac{F_W}{2}fL_2$$

$$F_{WK} = \frac{2KFL}{f(L_1 + L_2)}$$

式中　f——工件与导向支承间的摩擦系数。

常见的各种夹紧形式所需夹紧力，见表 4-3。

表 4-3　常见夹紧形式所需的夹紧力计算公式

夹紧形式	加工简图	计算公式
用卡盘夹爪夹紧工件外圆		$F_{WK} = \dfrac{2KM}{ndf}$
用可胀心轴斜楔夹紧工件内孔		$F_{WK} = \dfrac{2KM}{nDf}$
用拉杆压板夹紧工件端面		$F_{WK} \approx \dfrac{4KM}{(d+D)f}$
用弹簧夹头夹紧工件		$F_{WK} = \dfrac{K}{f}\sqrt{\dfrac{4M^2}{d^2} + F_x^2}$
用压板夹紧工件端面		$F_{WK} \approx \dfrac{KM}{Lf}$

续表

夹紧形式	加工简图	计算公式
用钳口夹紧工件端面		$F_{WK} = \dfrac{K(F_1 a + F_2 b)}{L}$
用压板和V形块夹紧工件		$F_{WK} = \dfrac{2KM}{df} \cdot \dfrac{\sin\dfrac{\alpha}{2}}{1+\sin\dfrac{\alpha}{2}}$
用两个V形块夹紧工件		$F_{WK} = \dfrac{KM}{df} \cdot \dfrac{1}{\sin\dfrac{\alpha}{2}}$

注：F_{WK}—所需夹紧力（N）；M—切削扭矩（N·mm）；F_1、F_2—切削力（N）；K—安全系数；d—工件的直径（mm）；n—夹爪数目；f—工件与支持面间的摩擦系数，其数值参见表4-4。

表4-4 各种不同接触表面之间的摩擦系数 f

接触表面的形式	摩擦系数 f	接触表面的形式	摩擦系数 f
接触表面均为加工过的光滑表面	0.12~0.25	夹具夹紧元件的淬硬表面在垂直主切削力方向有齿纹	0.4
工件表面为毛坯，夹具的支承面为球面	0.2~0.3	夹具夹紧元件的淬硬表面有相互垂直的齿纹	0.4~0.5
夹具夹紧元件的淬硬表面在主切削力方向有齿纹	0.3	夹具夹紧元件的淬硬表面有网状齿纹	0.7~0.8

用计算法确定夹紧力的大小，很难计算准确。这是因为在切削过程中，加工余量、工件硬度、刀具磨损等情况是时刻变化的，所以计算出来的夹紧力数值还要乘上一个范围较大的安全系数。因此设计手动夹紧装置时，常根据经验或类比的方法确定所需夹紧力的大小。当设计气动、液压或多件夹紧装置，夹持刚性较差工件的夹紧装置时，大多对切削力进行试验测定后，再估算所需夹紧力的数值。

四、减小夹紧变形的措施

工件在夹具中夹紧时,夹紧力通过工件传至夹具的定位装置,会造成工件及其定位基面和夹具变形,造成加工误差增大。图 4-12 所示为工件夹紧时弹性变形产生的圆度误差 Δ 和工件定位基面与夹具支承面之间接触变形产生的加工尺寸误差 Δ_y。

由于弹性变形计算复杂,故在夹具设计中不宜作定量计算,主要是采取各种措施来减少夹紧变形对加工精度的影响。

1. 分散着力点和增加压紧件接触面积

图 4-13 所示三点夹紧薄壁工件造成的径向变形 ΔR 大约是六点夹紧的 10 倍。所以对于薄壁类和刚性较差的工件分散着力点和增加压紧件接触面积可以有效降低夹紧变形。如图 4-14(a)所示,用一块浮动压板将夹紧力的着力点分散,从而改变着力点的位置,减少着力点的压力,减少变形。图 4-14(b) 所示为三爪卡盘夹紧薄壁工件的情况,使用宽卡爪增大了和工件的接触面积,变集中力为分散力,减少变形。

图 4-12 工件夹紧变形

图 4-13 夹紧力作用点数目与工件变形的关系

图 4-14 分散夹紧力着力点
(a)多点夹紧;(b)分散夹紧力

2. 增加辅助支承和辅助夹紧点

对于刚度差的工件，应采用浮动夹紧装置或增设辅助支承。图 4-15 为浮动夹紧实例，因工件形状特殊，刚度低，右端薄壁部分若不夹紧，势必产生振动。由于右端薄壁受尺寸公差的影响，其位置不固定。因此，必须采用浮动夹紧才不会引起工件变形，确保工件有较高的装夹刚度。图 4-16 所示为通过增设辅助支承达到强化工件刚度减少变形的目的。

图 4-15　浮动式螺旋压板机构

1—滑柱；2—杠；3—套筒；4—螺母；5—压板；6—工件；7，8—浮动卡爪；9—拉杆

图 4-16　增加辅助支持减小变形

（a）示例 1；（b）示例 2
1—固定支承；2—工件；3—辅助支承

图 4-16 所示在夹紧时通过增设辅助支承来增强刚性、减小变形，可以使工件获得满意的夹紧状态。

3. 其他措施

改善夹具与工件接触面的形状，提高接合面的质量，如提高接合面硬度、降低表面粗糙度值，必要时经过预压等措施可以减小工件的夹紧变形。对极薄的特殊工件，精加工仍达不到所要求的精度，还需要进行机械加工。对于这种情况，上述的各种措施均不能满足需要。我国学者于 20 世纪 60 年代曾提出过冻结式夹具的设想，类似的夹具现在美国已有所应用。这类夹具是将极薄的特性工件定位于一个随行的型腔里，然后浇灌低熔点金属，固结后一起加工，加工完成后加热熔解低熔点金属取出工件。低熔点金属的浇灌及熔解分离，都是在流水生产线上进行的。

4.2.3 夹紧机构设计

夹具的基本夹紧机构已典型化和标准化，并已列于夹具图册或夹具设计手册中，供设计者选用或参考。夹具中的其他夹紧机构多由基本夹紧机构演变或者组合而成。基本夹紧机构的类型较多，在此不加以讨论。本节仅就常用的几种基本夹紧机构的作用原理、结构特点、基本几何参数的确定、夹紧力的计算、优缺点及其应用范围等方面的内容进行论述。在夹紧机构中，以斜楔、螺旋、偏心、铰链、对中、联动夹紧机构以及由它们组合而成的夹紧装置应用最为普遍。

一、斜楔夹紧机构

1. 作用原理

采用斜楔作为传力元件或夹紧元件的夹紧机构称为斜楔夹紧机构。图4-17（a）为斜楔夹紧机构的一种应用。敲入斜楔1，迫使滑柱2下降，装在滑柱上的浮动压板3即可同时夹紧两个工件4。加工完毕后，锤击斜楔1的小头，松开工件。完毕后，锤击斜楔小头，松开工件。由此可见，斜楔主要是利用其斜面移动时所产生的压力夹紧工件的。由于用斜楔直接夹紧工件的夹紧力较小，且操作费时，所以实际生产中多与其他机构联合使用。图4-17（b）斜楔与液压或气压组合夹紧，液压或气压推动斜楔向左移动，通过滑柱拉下钩形压板夹紧工件。

图4-17 斜楔夹紧机构
(a) 示例1；(b) 示例2
1—斜楔；2—滑柱；3—浮动压板；4—工件

2. 夹紧力的计算

图4-18（c）所示为最简单的斜楔夹紧机构简图。斜楔具有一斜角为 α 的斜面，当其与具有相同斜角的斜面支承之间有相对运动时，斜楔顶面的高度位置就必定发生变化，从而可将工件夹紧或松开。当斜楔向左移动 s 时，高度升高为 h。

取斜楔为受力体，其受力如图4-18（a）所示。其静力平衡条件为

$$F_1 + R_x = Q$$

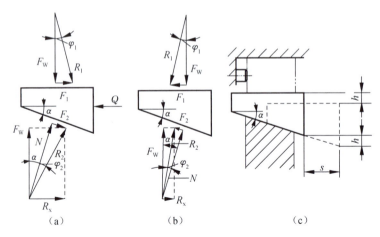

图 4-18 斜楔的受力分析

(a) 斜楔夹紧受力；(b) 斜楔自锁受力；(c) 斜楔夹紧机构

而 $F_1 = F_W \tan\varphi_1$，$R_x = F_W \tan(\alpha + \varphi_2)$

故有

$$F_W = \frac{Q}{\tan\varphi_1 + \tan(\alpha + \varphi_2)} \quad (4-2)$$

式中　F_W——斜楔夹紧时所产生的夹紧力（N）；

　　　φ_1、φ_2——斜楔与工件、斜楔与夹具体接触面间的摩擦角（°）；

　　　α——斜楔升角（°）；

　　　Q——源动力（N）。

3. 斜楔的自锁条件

如图 4-18（b）所示，斜楔在源动力 Q 消失后，如果能自锁，则摩擦力 F_1 应大于水平分力 R_x。所以自锁条件为

$$F_1 > R_x$$

即

$$F_W \tan\varphi_1 > F_W \tan(\alpha - \varphi_2)$$
$$\varphi_1 > \alpha - \varphi_2$$
$$\alpha < \varphi_1 + \varphi_2 \quad (4-3)$$

斜楔夹紧自锁条件是：斜楔升角 α 必须小于斜楔与工件、斜楔与夹具体之间两处摩擦角之和 $\varphi_1 + \varphi_2$。一般钢铁接触面的摩擦系数 $f = 0.1 \sim 0.15$，相应摩擦角 $\varphi = 5°43' \sim 8°30'$，则自锁时 $\alpha = 10° \sim 17°$。

4. 斜楔增力特性和夹紧行程

斜楔夹紧力 F_W 与源动力 Q 的比值称为扩力比（增力系数），用 i_F 表示。

$$i_F = \frac{F_W}{Q} = \frac{1}{\tan\varphi_1 + \tan(\alpha + \varphi_2)}$$

在不考虑摩擦影响时，理想扩力比 i'_F 为

$$i'_F = \frac{1}{\tan\alpha} \tag{4-4}$$

当夹紧机构有多个增力机构时，其总扩力比 $i_F = i_{F1}i_{F2}\cdots i_{Fn}$

工件所要求的夹紧行程 h 与斜楔相应移动的距离之比称为行程比 i_s。由图4-18（c）知

$$i_s = \frac{h}{s} = \tan\alpha \tag{4-5}$$

当不计摩擦时，理想扩力比为 $i_F = 1/\tan\alpha = i_s$，即理论上夹紧力的增力倍数和夹紧行程的缩小倍数相同。相应地夹紧力增大多少倍，夹紧行程就缩小多少倍。这是斜楔行程的一个重要特性。表4-5为常见的几种斜楔夹紧机构的 i_F 值。

表4-5 几种斜楔夹紧机构的 i_F 值

结构示意图	α	i_F	η	结构示意图	α	i_F	η
	5°	3.3	0.29		5°	5.25	0.46
	10°	2.47	0.43		10°	3.5	0.62
	15°	1.92	0.52		15°	2.6	0.70
	5°	4.1	0.36		5°	5.32	0.46
	10°	2.9	0.51		10°	3.6	0.63
	15°	2.2	0.59		15°	2.7	0.73

注：(1) 本表依据：$\varphi_1 = \varphi_2 = \varphi_3 = 5°43'$，$\frac{l_1}{l_2} = 0.7$，$\frac{d}{D} = 0.5$，$\varphi_3$——滑柱处的摩擦角；
(2) $\eta = i_F/i = i_F \tan\alpha$（$i_F$——理想扩力比）；
(3) 各机构斜楔的行程 $h = S\tan\alpha$。

5. 斜楔夹紧机构的设计要点

设计斜楔夹紧机构的主要工作内容为确定斜楔的升角和夹紧机构所需的夹紧力这两个参数，其设计步骤如下。

1) 确定斜楔的升角 α

斜楔的升角与斜楔的自锁性能和夹紧行程有关。因此，确定 α 的值时，可视具体情况而定：一般手动夹紧，在不要求斜楔有较大的夹紧行程时，主要从确保夹紧机构的自锁条件出发来确定 α 的大小，即取 $6°\sim 8°$；不需要自锁的机动夹紧，取 $\alpha = 15°\sim 30°$；在要求斜楔有较大的夹紧行程，又要有良好的自锁时，可采用双斜面斜楔。如图4-19所示，斜楔前段采用较大的斜角 α_1，以保证有较大的行程，后段采用较小的斜角 α_2，以确保自锁。

图 4-19 双斜面斜楔夹紧机构
1—斜楔；2—滑柱；3—压板；4—工件

2) 结构设计

因用手动的斜楔直接夹紧工件费时费力，效率极低，所以实际生产中应用不多，多数情况下是斜楔与其他元件或机构组合起来使用。图 4-20 所示为斜楔与螺旋组合的夹紧机构。转动螺杆带动斜楔 2 前移，从而推动铰链压板 3 转动而夹紧工件。图 4-21 所示为斜楔与压板组合的夹紧机构。用于手动夹紧，转动端面斜楔 3，通过螺钉使压板 2 转动夹紧工件。

图 4-20 斜楔与螺旋组合的夹紧机构
1—螺旋；2—斜楔；3—压板；4—工件

图 4-21 斜楔与压板组合的夹紧机构
1—工件螺旋；2—压板；3—端面斜楔

斜楔夹紧机构的计算见表 4-6。

表 4-6 斜楔夹紧机构的计算

机构简图	扩力比计算公式	夹紧力计算公式
(斜楔图，F_W，F_Q，α)	$i_F = \dfrac{1}{\tan(\alpha+\varphi_2)+\tan\varphi_1}$	$F_W = i_F F_Q$
(带滚子斜楔图，F_W，d，D，α，F_Q)	$i_F = \dfrac{1}{\tan(\alpha+\varphi_2')+\tan\varphi_1}$	$F_W = i_F F_Q$

续表

机构简图	扩力比计算公式	夹紧力计算公式
	$i_F = \dfrac{1}{\tan(\alpha+\varphi_2') + \tan\varphi_1'}$	$F_W = i_F F_Q$
	$i_F = \dfrac{1 - \tan(\alpha+\varphi_2)\tan\varphi_3}{\tan(\alpha+\varphi_2) + \tan\varphi_1}$	$F_W = i_F F_Q$
	$i_F = \dfrac{1 - \tan(\alpha+\varphi_2')\tan\varphi_3}{\tan(\alpha+\varphi_2') + \tan\varphi_1}$	$F_W = i_F F_Q$
	$i_F = \dfrac{1 - \dfrac{3l}{h}\tan(\alpha+\varphi_2')\tan\varphi_3}{\tan(\alpha+\varphi_2') + \tan\varphi_1}$	$F_W = i_F F_Q$

注：α—斜楔升角；φ_1—平面摩擦时作用在斜楔基面上的摩擦角；φ_2—平面摩擦时作用在斜面上的摩擦角；φ_3—导向孔对移动柱塞的摩擦角；φ_1'—滚子作用在斜楔基面上的当量摩擦角；$\tan\varphi_1' = \dfrac{d}{D}\tan\varphi_2$；$\varphi_2'$—滚子作用在斜面上的当量摩擦角，$\tan\varphi_2' = \dfrac{d}{D}\tan\varphi_2$；$l$—移动柱塞导向孔的中点至斜楔面的距离（mm）；$F_Q$—作用在斜楔上的外力（N）；$d$—滚子转轴直径（mm）；$D$—滚子外径（mm）。

6. 斜楔夹紧机构的特点及应用范围

斜楔夹紧机构的优点是结构简单，易于制造，具有良好的自锁性，并有增力作用。其缺点是增力比小，夹紧行程小，且动作慢，故很少用于手动夹紧机构中，而在机动夹紧机构中应用较广。

二、螺旋夹紧机构

由螺钉、螺母、垫圈、压板等元件组成的夹紧机构称为螺旋夹紧机构。螺旋夹紧机构不仅结构简单、容易制造,而且自锁性好,夹紧力大,是夹具上用得最多的一种夹紧机构。

螺旋夹紧机构可分为简单螺旋夹紧机构、螺旋压板夹紧机构、快速螺旋夹紧机构3大类。

1. 简单螺旋夹紧机构

(1)作用原理。夹紧机构中所用的螺旋,实际上相当于把斜楔绕在圆柱体上,因此它的夹紧作用原理与斜楔是一样的,不过这里是通过转动螺旋,使绕在圆柱体上的斜楔高度发生变化来夹紧工件的。

(2)结构形式。简单螺旋夹紧机构有两种,螺钉夹紧和螺母夹紧机构。如图4-22所示为螺钉螺旋夹紧机构。如图4-22(a)所示用螺钉直接夹压工件,易夹伤工件表面且在夹紧过程中可能使工件转动。因此这种方法较少被采用。如图4-22(b)所示,可在螺钉头部加上摆动压块消除上述缺点。

如图4-23所示为摆动压块的结构形式。图4-23(a)为光滑压块,用于夹紧经过加工的光滑面;图4-23(b)为槽面压块,用于夹压未经加工的粗糙表面;当夹紧要求螺杆不转动时,可采用图4-23(c)的结构。

图4-22 螺钉螺旋夹紧机构

(a)螺钉夹紧机构;(b)带摆块的螺钉夹紧机构

1—螺钉;2—螺纹套;3—夹具体;4—工件;5—摆动压块

图4-23 摆动压块

(a)光滑压块;(b)槽面压块;(c)浮动压块

如图4-24所示是螺母夹紧机构。图4-24（a）中螺母1用扳手拧动，螺母下移通过球面垫圈3夹紧工件2，球面垫圈3可使工件受到的夹紧力均匀，避免螺杆弯曲。图4-24（b）的星形螺母1可以直接用手拧动。

图 4-24 螺母夹紧
(a) 六角螺母；(b) 星形螺母
1—螺母；2—工件；3—球面垫圈

（3）夹紧力计算。螺旋夹紧机构的工作原理如图4-25（a）所示，与斜楔相似。若将螺旋沿中径展开，得到图4-25（b）所示的斜楔，其斜角等于该螺旋面的螺旋升角。转动螺杆，相当于移动斜楔夹紧工件。

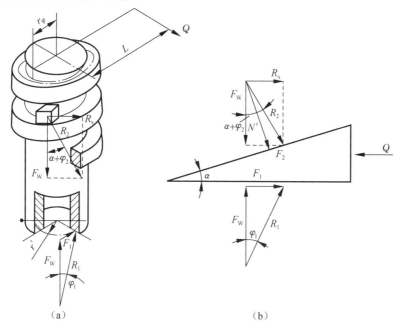

图 4-25 螺杆受力分析

原始作用力为施加在手柄上的力矩 M_Q。工件对螺杆的反作用力有：垂直于螺杆端部的反作用力即夹紧力 F_W 和摩擦力 F_1（与接触形式有关）。此两力分布于整个接触面，计算时可视为集中于半径 r' 的圆环上，r' 称为当量摩擦半径，其合力为 R_1。螺母对螺杆的作用力有：垂直于螺纹面上的力 N' 和螺纹面上的摩擦力 F_2，其合力为 R_2。此力分布于整个螺纹面上，计算时，可视为集中在螺纹中径处。

以螺杆为受力对象进行研究，工件作用于螺杆下端部的摩擦阻力矩 M_1 及螺母作用于螺杆上的摩擦阻力矩 M_2 应与外力矩 M_Q 平衡，即有

$$M_Q = M_1 + M_2$$

其中

$$M_Q = QL$$
$$M_1 = F_1 r' = F_W \tan\varphi_1 r'$$
$$M_2 = R_2 \sin(\alpha + \varphi_2) r_2 = F_W \tan(\alpha + \varphi_2) r_2$$

可得

$$F_W = \frac{QL}{r'\tan\varphi_1 + r_2\tan(\alpha + \varphi_2)} \tag{4-6}$$

式中　Q——作用螺杆手柄上的源动力（N）；
　　　L——力 Q 作用点到螺杆中心的距离（mm）；
　　　F_W——夹紧力（N）；
　　　α——螺杆的螺旋升角（°）；
　　　r_2——螺杆上的螺纹中径的一半（mm）；
　　　r'——夹紧螺杆端部的当量摩擦半径，其值与螺杆头部的结构形式有关，见表 4-7；
　　　φ_1——螺杆头部与工件间的摩擦角（°）；
　　　φ_2——螺旋副的摩擦角（°）。

表 4-7　螺杆端部与工件的当量摩擦半径计算公式

形　式		简　图	计算公式	数　值				
				M8	M10	M12	M16	M20
Ⅰ	点接触		$r' = 0$	0	0	0	0	0
Ⅱ	平面接触		$r' = \dfrac{d_0}{3}$	$d_0 = 6$ 2	$d_0 = 7$ 2.3	$d_0 = 9$ 3	$d_0 = 12$ 4	$d_0 = 15$ 5

续表

形式		简 图	计算公式	数 值				
				M8	M10	M12	M16	M20
Ⅲ	圆周线接触		$r' = R\cot\dfrac{\beta_1}{2}$	$R=8$	$R=10$	$R=12$	$R=16$	$R=20$
				4.6	5.8	6.9	9.2	11.5
Ⅳ	圆环面接触		$r' = \dfrac{1}{3}\dfrac{D^3 - D_0^3}{D^2 - D_0^2}$	6.22	7.78	9.33	12.44	15.56

注：$\beta_1 = 120°$，$D \approx 2D_0$。

（4）普通螺纹的选择。人手作用在不同结构类型的手柄上，能够发挥的力是不同的。对同一直径的螺纹，当采用不同类型、臂长的手柄时，它所产生的力矩、夹紧力也不同。如图4－26所示，公称直径为10 mm的螺钉，用左边第一个 $d' = 20$ mm 的滚花把手能产生 150 N·cm 的扭矩；用右边 $d' = 150$ mm 的手柄可产生 1 500 N·cm 的扭矩，后者是前者的10倍。因此，设计螺旋夹紧机构时，为保证螺纹的强度和所需的夹紧力，应合理选择螺纹的直径和手柄。当夹紧方案确定后，可按下述方法和步骤设计。

① 根据定位夹紧方案算出所需夹紧力 F_{WK} 与夹紧机构的组合形式，求出螺旋所承受的轴向力 F'_W；再根据强度条件，算出外螺纹的公称直径。

$$d \geqslant 2c\sqrt{\dfrac{F'_W}{\pi\sigma_b}} \qquad (4-7)$$

式中　d——外螺纹公称直径（mm）；

　　　F'_W——外螺纹承受的轴向力（N）；

　　　c——系数，普通螺纹 $c = 1.4$；

　　　σ_b——抗拉强度，45钢 $\sigma_b = 600$ N/mm²。

如果螺纹已选定，可用式（4－7）对所选直径进行强度核算。

② 根据 d、F'_W 和螺旋端面与工件接触的结构形式，由表4－8中的夹紧力公式算出手柄上所需的力矩 $M = F_Q L$。

图 4-26 手柄类型与力矩的关系

③ 按力矩 M 的大小,由图 4-26 选择手柄的类型和尺寸。图中中间的曲线为平均力矩,虚线表示变动范围。例如,需要产生 $M=600$ N·cm 的力矩,可选用 $d'=35$ mm 的滚花把手。

螺旋夹紧机构绝大部分用于手动夹紧,无须做精确计算。在实际设计中,应根据现场经验,由表 4-8、表 4-9 选取螺纹的结构尺寸。必要时对夹紧力进行核算,算出的单个螺旋实际夹紧力应小于表中相应规格螺旋的夹紧力。

表 4-8 中,夹紧力数值建立在 $\varphi_2=5'34''$,$f_1=0.1$ 等条件的基础上,并考虑了螺纹所能承受的强度。

表 4-8 螺旋夹紧机构夹紧力的计算

类型	机构简图	夹紧力计算公式	螺栓直径 d/mm	手柄长 L/mm	作用力 F_Q/N	夹紧力 F_W/N
螺杆端面为球面		$F_W = \dfrac{2F_Q L}{d_2 \tan(\alpha+\varphi_2)}$	M8	100	15	2 600
			M10	120	25	4 200
			M12	140	35	5 700
			M16	190	65	10 600
			M20	240	100	16 500
			M24	310	130	23 000
螺杆端面为环形面		$F_W = F_Q L \Big/ \Big[d_2/2\tan(\alpha+\varphi_2) + \dfrac{1}{3}\dfrac{D^3-d^3}{D^2-d^2}\tan\varphi_1 \Big]$	M8	100	15	1 700
			M10	120	25	3 000
			M12	140	35	4 000
			M16	190	65	7 200
			M20	240	100	11 400
			M24	310	130	16 00

注:d_2—螺纹中径(mm);α—螺纹升角,$\tan\alpha = \dfrac{P}{\pi d_2}$;$P$—螺距;$\varphi_2$—螺纹摩擦角;$\varphi_1$—螺杆(螺母)端面与工件间的摩擦角。

表4-9 螺母夹紧力的计算

形式	简图	螺纹公称直径 d/mm	螺纹中径 d_2/mm	手柄长度 L/mm	手柄上的作用力 F_Q/N	产生的夹紧力 F_W/N
带柄螺母		8	7.188	50	50	2 060
		10	9.026	60	50	2 990
		12	10.863	80	80	3 540
		16	14.701	100	100	4 210
		20	18.376	140	100	4 700

简单螺旋夹紧机构的结构简单，易于制造，夹紧可靠，增力系数大，自锁性能好，且夹紧行程几乎不受限制。但为了保证自锁性能，夹紧螺杆的螺纹升角一般较小，因此，螺纹的螺距一般较小，导致此种机构的夹紧动作慢，夹紧辅助时间长。故广泛应用于手动夹紧机构中，而在快速夹紧机构中很少采用。

2. 螺旋压板夹紧机构

采用压板作为夹紧元件的机构称为螺旋压板夹紧机构。此种夹紧机构结构简单，夹紧力和夹紧行程较大，可通过调节杠杆比来调整夹紧力和行程，因此它在手动夹紧机构中应用较多。

如图4-27所示为较典型的螺旋压板夹紧机构。图4-27（a）、（b）为两种移动压板式螺旋夹紧机构，图4-27（a）为减力增大夹紧行程的场合，图4-27（b）不增力但改变夹紧力的方向，图4-27（c）为铰链压板式螺旋夹紧机构，主要用来增大夹紧力，但减小了夹紧行程。它们是利用杠杆原理来实现夹紧作用的，由于这3种夹紧机构的夹紧点、支点和原动力作用点之间的相对位置不同，因此杠杆比各异，夹紧力也不同，其中图4-27（c）增力倍数最大。

图4-27 螺旋压板夹紧机构
1—工件；2—压板；3—T形槽用螺母

图4-27 螺旋压板夹紧机构（续）
1—工件；2—压板；3—T形槽用螺母

图4-27（d）为钩头压板夹紧机构，其特点是结构紧凑，使用方便，很适应夹具上安装夹紧机构位置受到限制的场合。图4-27（e）图所示为万能自调压板夹紧机构。它能适应工件高度由0～200 mm范围的变化，且无须调节，使用方便，节省辅助时间，故得到广泛应用。

3. 快速螺旋夹紧机构

为了减少辅助时间，可以使用各种快速接近或快速撤离工件的螺旋夹紧机构，如图4-28所示。

图4-28（a）是带有GB/T 12871—1991快换垫圈的螺母夹紧机构，螺母最大外径小于工件孔径，松开螺母取下快卸垫圈4，工件即可穿过螺母被取出。

图4-28（b）为快卸螺母。螺孔内钻有光滑斜孔，其直径略大于螺纹公称直径。螺母旋出一段距离后，就可倾斜取下螺母。

图4-28 快速螺旋夹紧机构
1—螺杆；2—手柄；3—摆动压块；4—快换垫圈；5—螺母；6—回转压板；7—螺钉

图 4－28 快速螺旋夹紧机构（续）
1—螺杆；2—手柄；3—摆动压块；4—垫圈、快换垫圈；5—螺母；6—回转压板；7—螺钉

图 4－28（c）是 GB/T 2189—1991 回转压板夹紧机构，旋松螺钉 7 后，将回转压板 6 逆时针转过适当角度，工件便可从上面取出。

图 4－28（d）所示为快卸螺杆，螺杆 1 下端做成 T 形扁舌。使用时螺杆穿过工件和夹具体底座上有长方形孔的板后，再转动 90°使扁舌钩住板的底面，然后旋动螺母 5，便可夹紧工件。卸下工件时，稍松螺母，转动螺杆使扁舌对准长方孔，就可把螺母 5、垫圈 4 连同螺杆一起抽出。

图 4－28（e）中，螺杆 1 上的直槽连着螺旋槽，当转动手柄 2 松开工件，并将直槽对准螺钉头时，便可迅速抽动螺杆 1，装卸工件。前 4 种结构的夹紧行程小，后一种的夹紧行程较大。

三、偏心夹紧机构

偏心夹紧机构是指由偏心件直接夹紧或与其他元件组合而实现夹紧工件的机构。偏心件有圆偏心和曲线偏心两种类型。曲线偏心件因制造困难而很少应用，应用最广的是圆偏心件（偏心轮和偏心轴）。

如图 4－29 所示为常见的各种偏心夹紧机构，图 4－29（a）、图 4－29（b）、图 4－29（c）为圆偏心轮、偏心轴和其他元件组合使用的夹紧机构。图 4－29（d）为直接用偏心圆弧将铰链压板锁紧在夹具体上，通过摆动压块将工件夹紧。

圆偏心夹紧机构的优点是结构简单，动作迅速，但它的夹紧行程受到偏心距的限制，夹紧力也较小。

图 4-29 圆偏心夹紧机构

1—压板；2—偏心轴；3—偏心轮用垫板；4—快换垫圈；5—偏心轴；6—偏心叉；7—弧形压块

1. 圆偏心夹紧的工作原理

如图 4-30（a）所示为圆偏心轮的结构简图及夹紧工作原理图。点 O 为偏心轮的旋转中心，点 C 为几何中心，即圆心。以 O 点为圆心，线段 Om 为半径的圆（虚线所示）称为圆偏心轮的基圆。圆偏心轮基圆以外的部分被直线 mn 分为两部分，每部分都好像一个斜楔。将此斜楔沿基圆展开，如图 4-30（b）所示，偏心轮的工作部分实质上是一个升角为变值的斜楔。其升角在 m、n 两点处为零，当圆偏心轮绕着旋转中心 O 点顺时针转动时，相当于将弧形楔向前楔紧在基圆与工件之间，从而将工件夹紧；反之，则可松开工件。由此可见，圆偏心夹紧的工作原理与斜楔工作原理相同。

2. 圆偏心轮的结构特点

圆偏心轮实际上是斜楔的一种变形。它与平斜楔和螺旋相比，主要特点是其工作表面上各夹紧点的升角不是一个常数，它随转角 ψ 的改变而发生很大的变化。

圆偏心轮任意夹紧点的升角，是指由工件的受压表面与旋转半径的法线所形成的夹角。由几何关系可知，它是由转轴中心 O 点和偏心几何中心 C 点，分别和夹紧点的连线所形成的夹角。由图 4-30（b）可知，曲线 mpn 上任意点的切线和水平线的夹角即为该点的升角。设 α_x 为任一点 x 的升角，其值可由任意三角形 $\triangle OxC$ 中 [图 4-30（a）] 求得。

因

$$\frac{\sin\alpha_x}{e} = \frac{\sin(180° - \psi_x)}{\dfrac{D}{2}}$$

故任意点升角

$$\alpha_x = \arcsin\left(\frac{2e}{D}\sin\psi_x\right) \qquad (4-8)$$

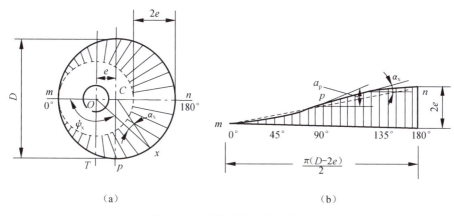

图 4-30 圆偏心轮的结构特点

式中，转角 ψ_x 的变动范围为 $0°\sim 100°$。由式（4-8）可知当 $\psi_x=0°$ 时，m 点的升角最小，即 $\alpha_m=0$。随着转角 ψ_x 的增大，升角 α_x 也增大。当 $\psi_x=90°$，升角为最大值，即 T 点的升角 α_T 为最大值，$\alpha_T=\alpha_{max}=\arcsin\dfrac{2e}{D}$；当 ψ_x 角大于 $90°$ 时，α_x 将随转角 ψ_x 的增大而减小；当 $\psi_x=180°$ 时，n 点处的升角又为最小值，即 $\alpha_n=0$。

圆偏心轮的这一特点很重要，它与工作段的选择、自锁条件、夹紧力计算以及主要结构尺寸的确定等关系极大。

3. 圆偏心的自锁条件

圆偏心夹紧必须自锁，这是设计圆偏心件时必须解决的主要问题之一。要保证偏心轮夹紧时的自锁性能，和前述斜楔夹紧机构相同，应满足下列条件：

$$\alpha_{max} \leqslant \varphi_1 + \varphi_2 \quad (4-9)$$

式中 α_{max} ——圆偏心轮工作段的最大升角（°）；

φ_1 ——圆偏心轮与工件间的摩擦角（°）；

φ_2 ——圆偏心轮与转轴处的摩擦角（°）。

如前所述，圆偏心轮在 P 点的升角较大，自锁性最差，若该点能自锁，则其他任何接触点都能保证自锁。为了安全起见，忽略对自锁有利的摩擦角 φ_1，则

$$\alpha_{max} \leqslant \varphi_2 \quad \tan\alpha_{max} \leqslant \tan\varphi_2$$

令 $f_2=\tan\varphi_2$，即偏心轮的自锁条件为

$$\dfrac{2e}{D} \leqslant f_2 \quad (4-10)$$

当 $f_2=0.1\sim 0.15$ 时，

$$D/e \geqslant 14\sim 20$$

D/e 之值称为偏心率或偏心参数。D/e 值大的自锁性能好，但轮廓尺寸大。当偏心轮的外径相同时，偏心率为 14 的有较大的偏心距，因而相同转角的夹紧行程较大。偏心率为 20 的更能确保自锁，故选择偏心率时，应视具体情况而定。

4. 偏心距的确定

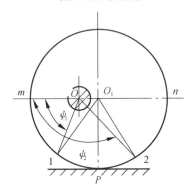

图4-31 圆偏心轮的工作段选择

如图4-31,若选偏心圆1、2段的圆弧为工作段,则夹紧行程

$$S = \left(\frac{D}{2} - e\cos\psi_2\right) - \left(\frac{D}{2} - e\cos\psi_1\right)$$
$$= e(\cos\psi_1 - \cos\psi_2)$$

故得

$$e = \frac{S}{\cos\psi_1 - \cos\psi_2} \quad (4-11)$$

式中 e——圆偏心轮的偏心距(mm);

ψ_1、ψ_2——圆偏心轮工作段的回转角,一般取 $\psi_1 = 45° \sim 60°$,$\psi_2 = 120° \sim 135°$;

S——圆偏心轮的夹紧行程(mm)。

5. 圆偏心的结构形式

图4-32所示是圆偏心结构。这些偏心轮的结构都已标准化了,设计时可参阅有关国标。

图4-32 标准偏心轮结构

6. 适用范围

(1) 由于圆偏心的夹紧力小,自锁性能又不是很好,所以只适用于切削负荷不大,又无很大振动的场合。

(2) 为满足自锁条件,其夹紧行程也相应受到限制,一般用于夹紧行程较小的情况。

（3）一般很少直接用于夹紧工作，大多是与其他夹紧机构联合使用。

四、铰链夹紧机构

采用以铰链相连接的连杆作为中间传力元件的夹紧机构，称为铰链夹紧机构。这是一种扩力比很大的夹紧机构，但一般没有自锁性，而且摩擦损失较小，故此种夹紧机构广泛应用于气动夹具中，以弥补气缸或气室力量的不足。有时它也用于手动的复合夹紧机构中，但此时与它组合的元件必须有能实现自锁的环节。

1. 铰链夹紧机构的类型

根据夹紧机构中所采用的连杆数量，可将其分为单臂夹紧机构、双臂夹紧机构和多臂夹紧机构等。图4-33所示为3种常用结构形式。图4-33（a）为单臂铰链夹紧机构，臂的两端是铰链连接，一端带滚子。图4-33（b）为双臂单作用的铰链施力机构，此种机构需用转动气缸；图4-33（c）为双臂双作用的铰链施力机构，这种机构可同时夹紧一个工件上的多点或同时夹紧两个工件。

图4-33 使用铰链夹紧机构的气动夹具

2. 铰链施力机构的设计计算

（1）根据夹紧机构设计要求初步确定结构尺寸。

（2）确定所需的夹紧行程、气缸行程量及其相应的倾斜角。

铰链夹紧机构的主要参数如图 4-34 所示。

图 4-34　铰链夹紧机构参数

α_0——铰链臂的起始行程倾斜角；

S_0——受力点的行程，即气缸的行程 X_0；

α_j——铰链臂夹紧时的起始倾斜角；

i_p——铰链机构的增力比；

S_c——夹紧端 A 的储备行程；

S_1——装卸工件的空行程；

$S_2 + S_3$——夹紧行程；

α_c——铰链臂的夹紧储备角。

如图 4-34，当机构处于夹紧状态时，铰链臂末端离其极限位置应保持一个最小储备量 S_c，否则机构可能失效。一般认为 $S_c \geqslant 0.5$ mm 比较合适，但又不宜过大，以免过分影响扩力比；也可直接取夹紧储备角 $\alpha_c = 5° \sim 10°$，表 4-10 列出了几种典型铰链夹紧机构的计算公式，由表中的公式算出。

夹紧终点的行程包括两部分，一部分为便于装卸工件的空行程 S_1，另一部分为夹紧行程 $S_2 + S_3$，其中 S_2 用来补偿系统的受力变形，一般取 $S_3 = 0.05 \sim 0.15$ mm。根据 $S_2 + S_3$ 可由表 4-10 中的公式算出铰链臂夹紧时的起始倾斜角 α_j，再根据 S_1 和 α_j 算出铰链臂的起始行程倾斜角。

（3）计算机构所需的原始作用力 Q。

先按表 4-10 的相应公式计算出扩力比，然后根据所需的夹紧力除以扩力比即可算出所需的原动力，作为选择动力源的依据。

表 4-10 铰链夹紧机构的计算公式

类型	机构简图	计算项目	计算公式
Ⅰ	(图)	α_c α_j i_F F_W α_0 X_0	$\alpha_c = \cos^{-1}\left(\dfrac{L-S_c}{L}\right)$ $\alpha_j = \cos^{-1}\dfrac{L\cos\alpha_c - (S_2+S_3)}{L}$ $i_F = \dfrac{1}{\tan(\alpha_j+\varphi')+\tan\varphi'_1}$ $F_W = i_p Q$ $\alpha_0 = \cos^{-1}\dfrac{L\cos\alpha_0 - (S_1+S_2+S_3)}{L}$ $X_0 = L(\sin\alpha_0 - \sin\alpha_c)$
Ⅱ	(图)	α_c α_j i_F F_W α_0 X_0	$\alpha_c = \cos^{-1}\left(\dfrac{2L-S_c}{2L}\right)$ $\alpha_j = \cos^{-1}\dfrac{2L\cos\alpha_c - (S_2+S_3)}{2L}$ $i_F = \dfrac{1}{2\tan(\alpha_j+\varphi')}$ $F_W = i_p Q$ $\alpha_0 = \cos^{-1}\dfrac{2L\cos\alpha_0 - (S_1+S_2+S_3)}{2L}$ $X_0 = L(\sin\alpha_0 - \sin\alpha_c)$
Ⅲ	(图)	α_i α_j i_F F_W α_0 X_0	$\alpha_c = \cos^{-1}\left(\dfrac{2L-S_c}{2L}\right)$ $\alpha_j = \cos^{-1}\left[\dfrac{2L\cos\alpha_c - (S_2+S_3)}{2L}\right]$ $i_F = \dfrac{1}{2}\left[\dfrac{1}{\tan(\alpha_j+\varphi')} - \tan\varphi'_2\right]$ $F_W = i_p Q$ $\alpha_0 = \cos^{-1}\left[\dfrac{2L\cos\alpha_0 - (S_1+S_2+S_3)}{2L}\right]$ $X_0 = L(\sin\alpha_0 - \sin\alpha_c)$

F_W——铰链夹紧机构的夹紧力;

Q——拉杆作用在铰链轴上的拉力,近似于原作用力;

α_j——夹紧时连杆的倾斜角;

α_c——铰链臂的夹紧储备角;

φ'——连杆两端铰链的当量摩擦角;

φ'_1——滚子的滚动当量摩擦角;

φ'_2——滑柱和导向孔的当量摩擦角;

S——铰链夹紧机构的夹紧行程;

S_c——最小行程储备量,一般取 $S_c \geq 0.5$ mm;

S_1——空行程,即满足装卸工件所需的夹紧行程;

S_2——补偿工件在夹紧方向上的尺寸偏差所需要的夹紧行程,其值为工件的夹紧尺寸公差；

S_3——用于补偿夹紧变形所需的夹紧行程，其值取决于夹紧系统的刚性。

五、联动夹紧机构

利用一个原始作用力实现单件、多件的多点或多向同时夹紧的机构，称作联动夹紧机构。由于该机构能有效提高生产率，因而在自动线和各种高效夹具中间得到广泛的采用。

联动夹紧机构的特点如下。

（1）易于保证工件的定位，不会因多点夹紧而产生位移和偏转，使工件的既定位置不受破坏。

（2）采用联动夹紧机构可减少工件的装卸时间，有利于提高劳动生产率。

（3）对手动夹具来说，采用联动夹紧机构可简化操作，从而减轻工人的劳动强度。

（4）对于机动夹紧机构来说，采用联动可减少动力装置，降低夹具的设计和制造成本，因而在自动线和各种高效夹具中得到了广泛的采用。但联动夹紧机构的动作原理、力学原理及结构等都很复杂，且设计难度较大。

根据夹具的结构和工作原理，可将联动夹紧机构分为3种，即多点多向联动夹紧机构、多件联动夹紧机构及其他联动夹紧机构。下面就各种联动夹紧机构分别加以论述。

1. 多点多向联动夹紧机构

多点、多向联动夹紧是用一个原始作用力，通过一定的机构分散到数个点上对工件进行夹紧。最简单的多点、多向夹紧是采用浮动压头的夹紧。图4-35所示是几种常见的浮动压头。

图4-35　浮动压头及四点双向浮动夹紧机构

1、3—摆动压块；2—摇臂；4—螺母；5—浮动柱

图 4-35（a）为通过摆动压块 1 实现斜交力两点联动夹紧的浮动压头，图 4-35（b）是通过浮动柱的水平滑动协调浮动压头实现对工件的夹紧，图 4-35（c）为四点双向浮动夹紧机构，夹紧力分别作用在两个相互垂直的方向上，每个方向上各有两个夹紧点，实现四点联动夹紧。

图 4-36 所示为使用多点浮动夹紧机构的轴用虎钳。螺杆为一浮动元件，轴向不定位可以窜动，只能对工件进行多点夹紧，不能定位。故工件还需要靠 V 形块定位。

2. 多件联动夹紧机构

用一个原始力，通过一定的机构对数个相同或不同的工件进行夹紧称为多件夹紧。多件夹紧机构多用于夹紧小型工件，在铣床夹具中用得最广。根据夹紧力的方向和作用情况，一般有下列几种形式。

图 4-36 多点浮动夹紧机构的特点

（1）平行夹紧。如图 4-37 所示，各个夹紧力互相平行，从理论上说，分配到各工件上的夹紧力相等。图 4-37（a）为利用平行压块进行夹紧。每两个工件一般就需要用一浮动压块，工件多于两个时，浮动压块之间还需要用浮动件连接。如图 4-37 所示，夹紧 4 个工件就需要用 3 个浮动件。图 4-37（b）则是用流体介质（如液性塑料）代替浮动元件实现多件夹紧。

（a） （b）

图 4-37 平行夹紧机构

多件夹紧之所以必须采用浮动环节，是由于被夹紧的工件尺寸有误差，如果采用刚性压板则各工件所受的夹紧力就有可能不一致，甚至有些工件夹不住，如图 4-38 所示。

图 4-38 采用刚性压板进行多件夹紧

（2）对向夹紧和复合夹紧。对向夹紧是通过浮动夹紧机构产生两个方向相反、大小相等但比原始作用力大的夹紧力，并同时将各工件夹紧，如图 4-39 所示。图 4-39（a）中转动偏心轮 4，通过滑柱 3，两侧的压板 1 即产生大小相等方向相反的夹紧力夹紧工件，偏心轮的转轴可在导轨 5 上浮动。图 4-39（b）利用螺杆 6、顶杆 7 和连杆 8 作为浮动元件，对 4 个工件进行夹紧，浮动件总数为 3 个。

图 4-39 对向夹紧

1—压板；2—夹具体；3—滑柱；4—偏心轮；5—导轨；6—螺杆；7—顶杆；8—连杆

复合夹紧多为平行和对向夹紧机构的综合应用，图 4-40 为复合夹紧的示例。

图 4-40（a）为利用两块浮动压板 1 和浮动螺杆 2 夹紧 4 个工件，浮动件总数为 3 个。图 4-40（b）采用液性塑料作为传递压力的介质，旋紧螺母 4，经压板 5、柱塞 6 及液性塑料，将工件均匀夹紧。由于夹紧元件对向作用，使作用在工件定位元件上的力互相抵消，不会引起定位元件的位移。

图 4-40 复合夹紧

1—浮动压板；2—浮动螺杆；3—球面垫圈；4—螺母；5—压板；6—柱塞；7—定位元件

（3）连续夹紧。以工件本身为浮动件，不用另设置元件就可实现连续多件夹紧。夹紧力依次由一个工件传至下一个工件，一次可以夹紧很多工件。这种夹紧方法的缺点是工件定位基准的位移误差逐个累积，造成夹紧力方向的误差很大，故连续式夹紧适用于工件的加工面与夹紧力方向平行的场合，如图 4-41 所示。

图 4-41 依次连续夹紧

连续夹紧机构,由于摩擦的影响,各工件所受到的夹紧力并不相等,距原始作用力越远,夹紧力越小,故同时夹紧的工件数应有所限制。

3. 夹紧与其他动作联动

图4-42为夹紧与移动压板联动机构。工件定位后,逆时针扳动手柄,由拨销1拨动压板2上的螺钉3使压板进到夹紧位置。继续扳动手柄,拨销1与螺钉3脱开,偏心轮5顶起螺钉4与压板2夹紧工件。松开时,由拨销1拨动螺钉4,将压板退出。

图4-43为夹紧与锁紧辅助支承联动机构。工件定位后,辅助支承1在弹簧的作用下与工件接触,转动螺母3推动压板2,压板2在压紧工件的同时,通过锁销4将辅助支承1锁紧。

图4-42 夹紧与移动压板联动机构
1—拨销;2—压板;3,4—螺钉;5—偏心轮

图4-43 夹紧与锁紧辅助支承联动机构
1—辅助支承;2—压板;3—螺母;4—锁销

图4-44为先定位后夹紧联动机构。当压力油进入油缸8的左腔时,活塞杆9向右移动过程中,后端的螺钉10离开拨杆1的短头,推杆3在弹簧2的作用下向上抬起,并以其斜面推动活块4使工件靠在V形定位块7上。然后,活塞杆9继续向右移动,利用其上斜面通过滚子11、推杆12顶起压板5压紧工件。当活塞杆向左移动时,压板5在弹簧6的作用下松开工作,然后螺钉10推转拨杆1压下推杆3,在斜面作用下带动活块4松开工件,此时即可取下工件。

图4-44 先定位后夹紧联动机构
1—拨杆;2,6—弹簧;3,12—推杆;4—活块;5—压板;7—定位块;8—油缸;9—活塞杆;10—螺钉;11—滚子

4. 联动夹紧机构设计要点

（1）联动夹紧机构在两个夹紧点之间必须设置必要的浮动环节，并具有足够的浮动量，动作灵活，符合机械传动原理。如前述联动夹紧机构中，采用滑柱、球面垫圈、摇臂、摆动压块和液性介质等作为浮动件的各个环节，它们补偿了同批工件尺寸公差的变化，确保了联动夹紧的可靠性。常见的浮动环节结构如图4-45所示。

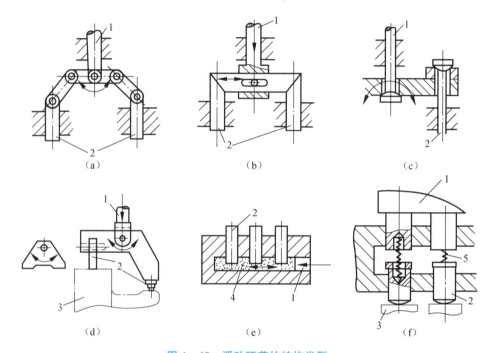

图4-45　浮动环节的结构类型

1—动力输入；2—输出端；3—工件；4—液性介质；5—弹簧

（2）适当限制被夹工件的数量。在平行式多件联动夹紧中，如果工件数量过多，在一定原始力作用条件下，作用在各工件上的力就小，或者为了保证工件有足够的夹紧力，需无限增大原始作用力，从而给夹具的强度、刚度及结构等带来一系列问题。对连续式多件联动夹紧，由于摩擦等因素的影响，各工件上所受的夹紧力不等，距原始作用力越远，则夹紧力越小，故要合理确定同时被夹紧的工件数量。

（3）联动夹紧机构的中间传力杠杆应当力求增力，以免使驱动力过大，并要避免采用过多的杠杆，力求结构简单紧凑，提高工作效率，保证机构可靠地工作。

（4）设置必要的复位环节，保证复位准确，松夹装卸方便。如图4-46所示，在两拉杆4上装有固定套环5，松夹时，联动杠杆6上移，就可借助固定套环5强制拉杆4向上，使压板3脱离工件，以便装卸。

（5）要保证联动夹紧机构的系统刚度。一般情况下，联动夹紧机构所需总夹紧力较大，故在结构形式及尺寸设计时必须予以重视，特别要注意一些传递给元件的刚度。如图4-46中联动杠杆6的中间部位受较大弯矩，其截面尺寸应设计大些，以防止夹紧后发生变形或损坏。

（6）正确处理夹紧力方向和工件加工面之间的关系，避免工件在定位、夹紧时的逐个积累误差对加工精度产生影响。在连续式多件夹紧中,工件在夹紧力方向必须设有限制自由度的要求。

图 4 – 46　强行松夹的结构

1—斜楔滑柱机构；2—限位螺钉；3—压板；4—拉杆；5—固定套环；6—联动杠杆；7—工件

六、定心夹紧机构

在机械加工中,很多加工表面是以其中心要素(轴线、中心平面等)作为工序基准的,因而也都用它们作为定位基准。这时若采用定心对中夹紧机构装夹加工,可以使基准不重合误差为零。

定心夹紧机构是一种特殊的夹紧机构,其定位和夹紧这两种作用是在工件被夹紧的过程中同时实现的,夹具上与工件定位基准相接触的元件,既是定位元件,也是夹紧元件。如图 4 – 47 (a)所示的三爪自定心卡盘。3 个夹爪 1 为定心夹紧元件,能等速趋近或离开卡盘中心,使其工作面 2 对中心总保持相等的距离,当工件定位直径不同时由夹爪 1 的等距移动来调整,使工件工序基准(轴线)与卡盘中心保持一致。又如图 4 – 47 (b)所示的对中夹紧机构左、右夹爪 1 为定心夹紧元件,它的工作面 2 对夹具的中心平面保持等距性行程位置。

综上所述,定心夹紧机构主要用于要求准确定心和对中的场合。定心、对中夹紧机构之所以能实现准确定心、对中,就在于它利用了定位夹紧元件的等速移动或均匀弹性变形的方式,来消除工件定位基准面的制造误差,使这些误差或偏差相对于所定心或对中的位置,能均匀对称地分配在工件的定位基准面上。因此,定心、对中夹紧机构的种类虽多,但就其各自实现定心和对中的工作原理而言,也不外乎下述两种基本类型。

1. 按定位夹紧元件等速移动原理来实现定心对中夹紧

如图 4 – 47 所示,这类夹紧机构是依靠传动机构使定心夹紧元件同时做等速移动,从而实现定心夹紧,如螺旋式、杠杆式、楔式机构等。下面介绍常用的几种结构。

图4-47 定心、对中夹紧的工作原理
（a）三爪自定心卡盘；（b）对中夹紧机构
1—夹爪；2—工作面；3—工件；4—刀具

（1）螺旋式定心夹紧机构。如图4-48所示为螺旋式定心夹紧机构。旋动有左、右螺纹的双向螺杆6，使螺母滑座1、5上的V形块钳口2、4作对向等速移动，从而实现对工件的定心夹紧；反之，便可松开工件。V形块钳口可按工件需要更换，定心精度可借助调节螺钉3实现。这种定心夹紧机构的特点是：机构简单、工作行程大，通用性好，但定心精度不高，一般为$\phi(0.05\sim0.1)$ mm。主要适用于粗加工或半精加工中需要行程大而定心精度要求不高的工件。

图4-48 螺旋式定心夹紧机构
1，5—螺母滑座；2，4—V型块钳口；3—调节螺钉；6—螺杆

（2）杠杆式定心夹紧机构。如图4-49所示为车床用的气压定心卡盘，气缸通过拉杆1带动滑套2向左移动时，推动三个钩形杠杆3同时绕销轴4转动，收拢位于滑槽中的3个夹爪5从而将工件定心夹紧。夹爪的张开靠拉杆右移时滑套2上的斜面推动夹爪。这种定心夹紧机构具有刚度高、动作快、扩力比大、工作行程也比较大等特点，但其定心精度较低，一般为 ϕ0.1 mm左右。它主要用于工件的粗加工。由于杠杆机构不能自锁，所以这种机构自锁要靠气压或其他装置，其中采用气压的较多。

（3）楔式定心夹紧机构。如图4-50所示为机动的楔式夹爪自动定心机构。当工件以内孔及左端面在夹具上定位后，气缸通过拉杆4使6个夹爪1向左移，由于本体2上斜面的作用，夹爪1左移的同时向外胀开，将工件定心夹紧；反之，夹爪1右移时，在弹簧卡圈3的

图4-49　车床用气压定心卡盘

1—拉杆；2—滑套；3—钩形杠杆；
4—销轴；5—夹爪

作用下使夹爪、收拢，将工件松开。这种定心夹紧机构的机构紧凑且传动准确，定心精度一般可达 ϕ0.02~0.07 mm，比较适用于工件以内孔作定位基面的半精加工工序。

图4-50　楔式夹爪自动定心机构

1—夹爪；2—本体；3—弹簧卡圈；4—拉杆；5—工件

2. 按定位夹紧元件均匀弹性变形原理来实现定心夹紧

另一种是定心夹紧机构是依靠定心夹紧元件本身做均匀地弹性变形（收缩或胀力），从而实现定心夹紧，如弹簧筒夹、膜片卡盘、波纹套、液性塑料心轴等。

（1）弹簧筒夹式定心夹紧机构。这种定心夹紧机构常用于装夹轴套类工件。如图4-51（a）所示为用于工件以外圆柱面为定位基面的弹簧夹头。旋转螺母4时，锥套3内锥面迫使弹性筒夹2上的簧瓣向心收缩，从而将工件定心夹紧。如图4-51（b）所示为用于工作以内孔为定位基准的弹簧心轴。因工件的长径比 $L/D \geqslant 1$，故弹性筒夹2的两端各有簧瓣。旋转螺母4时，锥套3的外锥面向心轴5的外锥面靠拢，迫使弹性筒夹2的两端簧瓣向外均匀扩张，从而将工件定心夹紧。反向转动螺母，带退锥套，便可卸下工件。

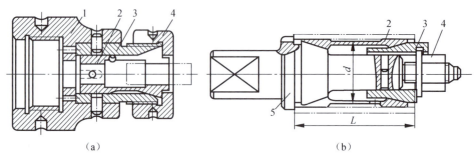

图 4-51 弹簧夹头和心轴

(a) 弹簧夹头；(b) 弹簧心轴

1—夹具体；2—弹性筒夹；3—锥套；4—螺母；5—心轴

弹簧筒夹定心夹紧机构的结构简单、体积小、操作方便迅速，因而应用十分广泛。其定心精度可稳定在 φ（0.04～0.1）mm。为保证弹性筒夹正常工作，工件定位基准的尺寸公差应控制在 0.1～0.5 mm 范围，一般适用于精加工或半精加工。

（2）波纹套定心心轴。图 4-52 所示为波纹套定心夹紧机构，这种定心机构的弹性元件是一个薄壁波纹套。旋紧螺母 1 时，轴向压力使两波纹套径向均匀胀大，工件定心夹紧。波纹套 2 及支承圈 5 可以更换，以适应孔径不同的工件，扩大心轴的通用性。

图 4-52 波纹套定心夹紧机构

1—螺母；2—波纹套；3—垫圈；4—工件；5—支承圈

波纹套定心夹紧机构的结构简单、安装方便、使用寿命长、定心精度可达 φ（0.005～0.01）mm，适用于定位基准孔 $D>20$ mm，且公差等级不低于 IT8 级的工件，在齿轮、套筒类等工件的精加工工序中应用较多。

（3）液性塑料心轴。图 4-53 所示为液性塑料心轴的两种结构。其中图 4-53（a）是工件以内孔为定位基面，图 4-53（b）是工件以外圆为定位基面，虽然两者的定位基面不同，但其基本结构与工作原理是相同的。起直接夹紧作用的薄壁套筒 2 压配在夹具体 1 上，在所构成的容腔中注满了液性塑料 3，液性塑料常温下呈胶冻状。当工件装到薄壁套筒 2 上之后，旋进加压螺钉 5，通过柱塞 4 使液性塑料流动并将压力传到各个方向上，薄壁套筒 2 的薄壁部分在压力作用下产生径向均匀的弹性变形，从而将工件准确定心和夹紧。当拧出螺钉 5 时，压力消除，在材料弹性恢复力的作用下，套筒的薄壁部分便恢复到原始状态，从而使工件松开。图 4-53（a）中的限位螺钉 6 用于限制加压螺钉的行程，防止薄壁套筒超负荷而产生塑性变形。

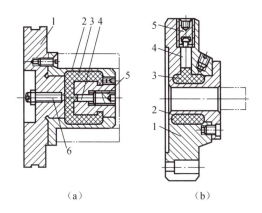

图 4-53 液性塑料定心夹紧机构

（a）工件以内孔定位；（b）工件以外圆定位

1—夹具体；2—薄壁套筒；3—液性塑料；4—柱塞；5—螺钉；6—限位螺钉

4.2.4 夹紧机构的动力系统

使用人力通过各种传力机构对工件进行夹紧，称为手动夹紧。而现代高效率的夹具，大多采用机动夹紧方式。在机动夹紧中，一般都设有产生夹紧力的动力系统，常用的动力系统有：气动、液压、气液联合、电动、磁力、真空动力系统等。机动夹紧可以大幅度缩减装夹工件的辅助时间，提高生产率和减轻工人劳动强度。下面介绍常用动力装置的特点及一般应用情况，对于具体的结构设计可参阅有关机床夹具设计资料。

一、气动夹紧系统

气动夹紧是机动夹紧中应用最广泛的一种，目前不仅在大批量生产中已普遍采用，而且已逐步推广到成批和小批生产。

1. 气动夹紧系统的组成

如图 4-54 所示，空气压缩机产生 0.7~0.9 MPa 的压缩空气，以 17~25 m/s 的流速流经开关 6 流向各用气点。压缩空气在进入机床夹具的气缸前，必须进行处理：首先经分水滤气器 7 分离出水分并滤去杂质，以免锈蚀元件及堵塞管路；再经调压阀 8，使压力降至工作压力（0.4~0.6 MPa）并稳定在该压力；然后通过油雾器 9 混以雾化油，以保证系统中各元件的润滑；最后经单向阀 10 和换向阀 11 进入气缸，推动活塞完成所需工作。

图 4-54 气动夹紧系统示意图

1—电动机；2—空压机；3—冷却器；4—储气罐；5—过滤器；6—开关；7—分水滤气器；8—调压阀；9—油雾器；10—单向阀；11—换向阀；12—节流阀；13—活塞式气缸；14—薄膜式气缸

气动系统一般由 4 部分组成：

（1）气源部分——包括空气压缩机、冷却器、储气罐、过滤器，一般置于动力站内。

（2）控制部分——如调压阀、节流阀、换向阀等。用于控制和调节压缩空气的压力、流量和方向，以满足夹具的动作和性能要求。多装在机床附近。

（3）执行部分——能量输出装置，如气缸等。通常执行部分直接装在机床夹具上，与夹紧机构相连接。气缸是将压缩空气的工作压力转换为活塞的移动，以此驱动夹紧机构实现对工件的夹紧。它的种类很多，按活塞的结构可分为活塞式和薄膜片式两大类；按安装方式可分为固定式、摆动式和回转式等；按工作方式还可分为单向作用和双向作用气缸。气缸的分类及主要用途见表 4-11。

表 4-11 常用气缸种类及用途

类型		活塞式	膜片式	用途
固定式	基体式			用于中、小型夹具，在夹具体上直接制出气缸孔
	落地式			用于中、小型夹具，在夹具体上直接制出气缸孔
	法兰式			适用于各类机床夹具
固定式	螺纹式			适用于各类机床夹具
	耳座式			适用于各类机床夹具

续表

类　型		活塞式	膜片式	用　途
摆动式	绕尾部摆动			适用于各类机床夹具
	绕耳轴摆动			
回转式	装于机床尾部			多用于车、磨或其他回转夹具 图中：1—床头；2—卡爪；3—气缸
	装于机床头部			

（4）辅助部分——包括管部、接头、压力表、分水滤气器、油雾器、消声器等。辅助部分起连接、测量、过滤、润滑、减小噪音等作用。多装在机床附近。

2. 气动夹紧的特点

（1）压缩空气来源于大气，取之不尽，废气可排入大气中，处理方便。

（2）压缩空气在管道中流动的压力损失小，因此，便于集中供应和实现远距离操纵，以提高自动化程度。

（3）动作迅速，反应灵敏，可实现快速夹紧，方便操作。

（4）夹紧力基本稳定，但由于空气有压缩性，夹紧刚度差，故在重切削或断续切削时，应设置自锁装置。

（5）压缩空气的工作压力较小，因此，与液压夹紧装置相比，结构较庞大。

3. 气动夹紧系统设计程序

（1）根据对气动系统的要求，选择基本气动回路进行适当的组合，并与执行元件相连接，构成气动系统图。

（2）设计（或选择）执行元件（气缸）。

（3）选定气阀。

（4）选定辅助元件。

二、液压夹紧系统

液压夹紧是利用压力油作为传力介质，推动执行机构（油缸），实现对工件的夹紧。其工作原理及结构与气动夹紧相似。由于油压一般比气压高几倍至几十倍，加上液体的不可压缩性，因而当产生同样大小的夹紧力时，油缸直径尺寸比气缸小得多，而且夹紧刚度大，工作平稳，没有噪声。

当在几台非液压机床上使用液压夹具，并采用集中泵站供油方式时，可以看到液压夹具的优越性。但是，它存在着某台机床工件夹紧后或更换时不需要供应液压油，而其他机床却需要液压泵连续供油，这样造成液压泵不能停机，浪费电能，致使油温急剧上升，液压油容易变质等问题。为此，可采用单机配套的高压小流量液压泵站。

图4-55（a）是YJZ型液压泵站外形图。图4-55（b）所示为其油路系统，油液经滤油器12进入柱塞泵8，通过单向阀7与快换接头3进入夹具微型液压缸1。电接点压力表6用于显示液压系统的工作压力，溢流阀的作用是防止系统过载，电磁卸荷阀10兼有卸荷、换向、保压的作用。

图4-55　YJZ型液压泵站
(a) 外形；(b) 油路系统
1—微型液压缸；2, 9, 12—滤油器；3—快换接头；4—溢流阀；5—高压软管；6—电接点压力表；
7—单向阀；8—柱塞泵；10—电磁卸荷阀；11—电动机；13—油箱

液压泵站输出的液压油油压高（最高工作压力为16～32 MPa），因此工作液压缸直径尺寸可以很小。这种微型液压缸可直接安装在机床工作台或夹具体上，图4-56（a）为通过T形槽安装在工作台上，图4-56（b）所示液压缸安装在夹具体孔中并用螺钉紧固，图4-56（c）所示液压缸直接旋入夹具体螺纹孔中。

液压泵站可按实际需要购买。微型液压缸的参数和尺寸见有关机床夹具设计手册。

由于压力油不能像压缩空气那样可以集中远距离供应，因此，除非机床本身已有液压系统装置，否则需要单独为液压夹紧机构配置一套专用液压辅助装置，成本较高，没有气压夹紧机构应用范围广。但是随着液压机床的增多和液压技术的发展，液压夹具的应用也日益广泛，特别是在组合机床及自动线上的应用越来越多。

图 4-56 微型液压缸

1—工件；2—压板；3—微型液压缸；4—夹具体

关于液压传动系统设计的有关知识，请查阅《液压传动》，本节从略。

三、气液压增压装置

为了综合应用气压夹紧和液压夹紧的优点，可以采用气液联动的增压装置。由于该种装置可只利用气源即可获得高压油，因此成本低，维护方便。

1. 气压增压工作原理

气液增压夹紧的动力来源仍是压缩空气，液压起增压作用，其工作原理如图 4-57 所示。压缩空气进入气缸 A 室，推动活塞 1 左移。增力液压缸 B 与工作液压缸是接通的。当活塞 1 左移时，活塞杆就推动 B 室内的油增压进入工作液压缸而夹紧工件。增力计算如下：

按工件被夹紧后的平衡条件，气缸与增力液压缸之间的平衡方程式为

$$\frac{\pi D_1^2}{4} p_1 = \frac{\pi d^2}{4} p$$

$$p = \frac{D_1^2}{d^2} p_1 \eta$$

式中　p——输出油压（N/cm²）；

　　　p_1——压缩空气气压（N/cm²）；

图 4－57　气液增压原理图

1—活塞

D_1——气缸的直径（cm）；

d——增力液压缸直径（cm）；

η——总效率，一般为 0.8～0.85。

作用在工作液压缸上的推力为

$$F = \frac{\pi D^2}{4} \cdot p \cdot \eta = \frac{\pi D^2}{4} \frac{D_1^2}{d^2} \cdot p_1 \eta$$

式中　F——工作液压缸活塞上的推力（N）；

D——工作液压缸直径（cm）。

由上式可知，气液增压装置的增压比为

$$i_p = \left(\frac{D_1}{d}\right)^2$$

2. 气压增压装置的典型结构

图 4－58 所示的双级气液增压器，其夹紧动作分两步进行：

（1）预夹紧。先将三位五通阀的手柄转到预夹紧的位置，压缩空气进入左气缸的 B 腔，推动活塞 1 向右移动，油液由 b 腔经 a 腔输至油缸 3，其活塞即以低压快速移动对工件进行预夹紧。此时油液容量大，活塞的行程也较大。在缸径 $D = 120$ mm，$d = 90$ mm，气源气压为 5.5×10^5 Pa 时，低压油压力约为 9.9×10^5 Pa。

（2）增压夹紧。在预夹紧后，把手柄转至高压位置，压缩空气即进入右气缸的 C 腔，推动活塞 2 向左移动，直径 d_3 的柱塞将油腔 a 和 b 隔开，并对 a 腔的油液施加压力，使油压升高，并输送至工作油缸而实现高压夹紧。在 $D = 120$ mm，$d = 24$ mm 时，高压油压力可高达 137.5×10^5 Pa。

加工完毕后，把手柄转到放松的位置，压缩空气进入 A、D 两腔，活塞 1 和 2 做相反方向移动，此时工作油缸的活塞在弹簧力的作用下复位，放松工件，油液回到增压缸中。

四、磁力、真空夹紧装置

1. 磁力夹紧

磁力夹紧分为永磁式和电磁式两种。永磁式是由永久磁铁产生吸力将工件夹紧，夹紧力

图 4-58 双级气液增压器
1,2—活塞;3—油缸;4—换向阀

较小。电磁式是由直流电流通过一组线圈产生磁场吸力而将工件吸紧,夹紧力可以事先控制,且比永磁式大得多。目前,除了在磨床上广泛应用外,还可以在其他机床,如车床、铣床、钻床及刨床上使用。

图 4-59 是车床用电磁吸盘。当线圈 1 通上直流电后,在铁芯 2 上产生磁力线,避开隔磁圈 5 使磁力线通过工件和导磁体定位件 6 形成闭合回路(如图中虚线所示),工件被吸在盘面上。断电后,磁力消失,取下工件。

磁力夹紧主要适用于薄件加工和高精度的磨削,它具有结构简单紧凑,安全可靠,夹紧动作迅速等特点。

2. 真空夹紧

真空夹紧是指利用真空吸力来夹紧工件。常用于加工非导磁性材料制成的薄片零件或刚度较差的大型零件。这些零件若用机械夹紧或其他方法夹紧,往往由于夹紧力比较集中而容易引起变形,真空夹紧能使夹紧力均匀地分布在工件加工表面上。

图4-59 车床用电磁吸盘

1—线圈；2—铁芯；3—工件；
4，6—导磁体定位件；5—隔磁圈；7—夹具体

真空夹具结构简单，使用方便，但它的夹紧力不大，一般在 6.8~7.8 N/cm²。

图4-60 是真空夹紧装置的传动系统及工作原理。工件放在橡胶圈密封圈 A 上，于是工件与吸台 6 间形成密封的空腔 B。操纵控制阀 5，当吸台接通真空罐 4 时，工件就被大气压力 p_A 吸紧，当吸台与大气相通时，工件就可松开。

真空罐 4 经常处于真空状态，用以迅速在吸台内腔产生真空，为使工件能被迅速吸紧，其容积应为吸台空腔的 15~20 倍。

真空吸台的夹紧力可用下式计算：

$$F_W = s(p_A - p_0) - F_m$$

式中 s——空腔的有效面积，即密封圈所包围的面积（mm²）；

p_A——大气压强，0.1 MPa；

p_0——空腔内剩余压强，一般为 0.01~0.015 MPa；

F_m——橡胶密封圈的反作用力（N）。

图4-60 真空传动装置系统图

1—真空泵；2—空气过滤器；3—单向阀；4—真空罐；5—控制阀；6—吸台

企业专家点评

东方电机有限公司罗大兵高级工程师：分析夹紧力的方向、作用点和大小是工件装夹的基础，决定着工件夹紧方案的可行性，也是设计和选用夹紧装置的基础。夹紧机构与动力系统的设计是实现工件装夹的重要步骤。该教学单元理论知识合理，设计实例丰富且有代表性。

习题与训练

4-1 试述夹紧装置的组成及各组成部分间的关系。

4-2 夹紧装置设计的基本要求是什么？确定夹紧力的方向和作用点的准则有哪些？

4-3 试举例说明减少夹紧变形的主要方法。

4-4 分析图4-61中所示的夹紧力方向和作用点，并判断其合理性及如何改进。

图4-61 题4-4图

4-5 手动斜楔夹紧机构（图4-62），已知参数如表4-12所示，试求给工件的夹紧力F_W并分析其自锁性能。

图4-62 题4-5图

表4-12 题4-5表

斜楔升角α/（°）	各面间摩擦系数f	原始作用F_Q/N	夹紧力F_W/N	自锁性能
6	0.1	100		
8	0.1	100		
15	0.1	100		

4-6 气动夹紧装置与液压夹紧装置相比较，有什么优缺点？

4-7 分析图4-63所示的螺旋压板夹紧机构有无缺点？应如何改进？

4-8 图4-64所示为一简单螺旋夹紧机构，用螺钉夹紧直径$d=120$ mm的工件，已知

切削力矩 $M = 7$ N·m，各处摩擦系数 $f = 0.15$，V 形块 $\alpha = 90°$。若选用 M10 螺钉，手柄直径 $d' = 100$ mm，施于手柄上的原始作用力 $F_Q = 100$ N，试分析夹紧力是否可靠。

图 4 – 63　题 4 – 7 图

图 4 – 64　题 4 – 8 图

4 – 9　什么叫偏心率？如何选择偏心率？

4 – 10　试从扩力比、锁紧性能、夹紧行程和操作时间等方面，比较斜楔、螺旋、圆偏心夹紧机构的特点及其应用。

4 – 11　图 4 – 65 所示的联动夹紧机构是否合理？为什么？若不合理，试绘出正确结构。

图 4 – 65　题 4 – 11 图

4 – 12　设计联动夹紧机构时主要应注意哪些问题？

4 – 13　举例说明定心夹紧机构的工作原理。

4 – 14　试述各类典型定心夹紧机构的特点及主要适用范围。

4 – 15　气压装置主要由哪些部分组成？它有什么特点？

4 – 16　试述机床夹具用液压泵站的工作原理及特点。

4 – 17　试述卧式双级气液增压器的工作过程及气液增压装置的特点。

4 – 18　试述电动三爪自定心卡盘的结构构成及其工作的基本原理。

4 – 19　试述真空夹紧装置工作的原理及真空夹紧装置的特点。

4 – 20　手动夹紧机构若没有自锁性能是否允许？为什么？

教学单元 5

分度机构和夹具体

▶ 学习要求与重点

通过本教学单元的学习，了解分度装置的类型和结构组成；懂得各类分度对定机构的结构原理的应用，了解分度对定机构的操纵方式、抬起锁紧机构的工作原理及应用。认识夹具体设计的基本要求，理解铸造和焊接夹具体的结构特点。重点一是掌握分度对定机构的结构原理和应用；二是理解铸造和焊接夹具体的结构。

5.1 任务引入

如图 5-1（a）所示零件，要在圆周径向钻 4 个孔，需对工件在径向方向上等分分度。使用 5-1（b）所示钻床夹具对零件进行装夹，工件以端面及内孔作为定位基准，放在兼做螺杆的短圆柱销上，用螺母 8 和快换垫圈 9 夹紧工件。钻好一个孔后，用手柄 3 松开锁紧机构，通过把手 5 拔出对定销 6，转动分度盘 13 到下一个位置，再插入对定销定位，用手柄 3 锁紧，进行下一个孔的钻削，从而保证各孔之间的角度。本学习单元研究夹具的分度机构和夹具体。

图 5-1 回转式钻模
(a) 零件；(b) 钻模
1—钻模板；2—夹具体；3—手柄；4、8—螺母；5—把手；6—对定销；
7—圆柱销；9—快换垫圈；10—衬套；11—钻套；12—螺钉；13—分度盘

5.2 相关知识

5.2.1 分度装置

在机械加工中经常会有工件的多工位加工,如刻度尺的刻线、叶片液压泵转子叶片槽的铣削、齿轮和齿条的加工、多线螺纹的车削以及其他等分孔或等分槽的加工等。这类工件一次装夹后,需要在加工过程中进行分度,即在完成一个表面的加工以后,依次使工件随同夹具的可动部分转过一定角度或移动一定距离,对下一个表面进行加工,直至完成全部加工内容,具有这种功能的装置称为分度装置。如图 5-1 为卧轴式径向分度钻模,用于钻削套筒圆周上均匀分布的径向孔系。

采用具有分度装置的夹具,可使工件加工工序集中,易于保证加工面间的位置尺寸及精度,减少工件安装次数,从而减轻工人的劳动强度和提高生产效率。因此分度装置能使工件加工的工序集中,故广泛地用于车削、钻削、铣削等加工。

一、分度装置的类型

常见的分度装置有下述两大类:

(1) 回转分度装置。它是一种对圆周角分度的装置,又称圆分度装置,用于工件表面圆周分度孔或槽的加工。

(2) 直线分度装置。它是指对直线方向上的尺寸进行分度的装置,其分度原理与回转分度装置相同。

生产中以回转分度装置应用较多,本节主要以研究回转分度装置来说明一般分度装置的设计方法,可按下述形式分类。

① 按分度盘和对定销相对位置的不同,可分两种基本形式:轴向分度(图 5-2)和径向分度(图 5-3)。对于轴向分度,对定销的运动方向与分度盘的回转轴线平行,其分度装置的结构较紧凑;对于径向分度,对定销的运动方向与分度盘的回转轴线垂直,由于分度盘的回转直径较大,故能使分度误差相应减小,因而常用于分度精度较高的场合。

图 5-2 轴向分度装置的基本形式
(a) 球头销;(b) 圆柱销;(c) 菱形销;(d) 圆锥销

图 5-3 径向分度装置的基本形式

(a) 球头销；(b) 双斜面销；(c) 单斜面销；(d) 正多面体对定机构

② 按分度盘回转轴线分布位置的不同，可分为立轴式、卧轴式和斜轴式 3 种。一般可按机床类型以及工件被加工面的位置等具体条件设计。

③ 按分度装置工作原理的不同，可分为机械分度、光学分度等类型。机械分度装置的结构简单，工作可靠，应用广泛。光学分度装置的分度精度较高，例如光栅分度装置的分度精度可达 ±10″，但由于对工作环境的要求较高，故在机械加工中的应用受到限制。

④ 按分度装置的应用特性，可分为通用、专用两大类。在单件生产中。使用通用分度装置，有利于缩短生产的准备周期，降低生产成本；在中、小批生产中，常将通用分度装置与专用夹具联合使用，从而简化专用夹具的设计和制造。通用分度装置的分度精度较低，例如 FW80 型万能分度头，分度精度为 1′，故只能满足一般需要。在成批生产中，则广泛使用专用分度装置，以获得较高的分度精度和生产效率。

二、分度装置的结构分析

分度装置主要由以下几个部分组成：

（1）固定部分。固定部分是分度装置的基体，当夹具在机床上安装调整好之后，它是固定不动的。通常以夹具体为分度装置的固定部分。如图 5-1 中的夹具体 2 即为该分度装置的固定部分。为了保证分度装置的精度和使用寿命，要求其固定部分刚性好、尺寸稳定和耐磨损。其材料一般为灰铸铁，并在机械加工前进行时效处理。

（2）转动部分。转动部分是分度装置中的运动件，它应保证工件在定位和夹紧状态下进行转位（或移动）。如图 5-1 中的圆柱销 7。当转动部分与固定部分之间为滑动摩擦时，转动部分的材料一般采用 45 钢，以保证其耐磨性。当生产批量较大时，轴孔一般须增设衬套，其材料为 45 钢或 T7A，转轴材料一般可取 45 钢、40Cr 钢并经渗碳淬火。此外，转动（或移动）部分各摩擦副之间应保持良好的润滑。

（3）分度对定机构及控制机构。分度对定机构由分度盘和对定销组成。对定机构的作用是，保证其分度装置的转动（或移动）部分转位后，使其相对于固定部分获得正确的分度位置，并进行定位和完成插销及拔销的动作。如图 5-1 的分度盘 13、对定销 6。

（4）抬起锁紧机构。锁紧机构的作用是，当分度完成后，将其装置的转动（或移动）部分与固定部分之间进行锁紧，以增加分度装置的刚性和稳定性，减少加工时的振动，同时也起到保护对定机构的作用。如图 5-1 锁紧螺母 4 和 8 即为该分度装置中的锁紧机构。对于大型的分度装置，为了使转盘转动灵活，需将回转盘稍微抬起，要设置抬起机构。

三、分度装置的设计

1. 分度对定机构

分度对定机构主要由分度盘和对定销构成。大多数的情况下，分度盘与分度装置中的转动部分相连接，或直接用转轴作为分度盘。而对定销则与固定部分相连接。

分度对定机构的基本结构形式很多，常见的有以下几种。

（1）钢球（或球头销）对定机构，如图 5-2（a）、图 5-4（a）和图 5-4（b）所示。这种对定机构，既可用于轴向分度也可用于径向分度。它是靠弹簧将钢球或球头销压入分度盘锥坑内实现对定。该种结构形式的结构简单、操作方便，但分度精度不高，且由于锥坑较浅（其深度小于钢球或球头销半径），对定不是很可靠。故常用于切削力不大，分度精度要求不高的场合，或作为预定位机构。具体结构如图 5-4（a）所示。

（2）圆柱销对定机构，如图 5-2（b）、图 5-4（c）所示。这种对定机构常用于轴向分度。为了提高其使用寿命，分度盘上的对定孔中一般压入耐磨衬套，而对定销与分度套间采用 $\dfrac{H7}{g6}$ 配合。这种结构的主要优点是结构简单，制造工艺性好，操作方便，使用时不易受灰尘和污物的影响。缺点是无法补偿孔销之间的配合间隙，磨损之后，其分度精度有所降低。另外，当采用圆柱销对定机构时，其销与分度套孔之间配合间隙的大小，将受到分度盘回转轴线与对定销和对定孔之间中心距制造误差的影响，这时销与套之间的配合间隙，应足以补偿这两个中心距的误差，其配合间隙较大，故分度精度不是很高。

（3）菱形销对定机构，如图 5-2（c）、图 5-4（d）所示。此形式主要是针对上述圆柱销对定机构的缺点，将对定销削边，使在同样条件下提高了分度精度，制造也不困难，故在轴向分度中用得较多。

（4）圆锥销（或双斜面）对定机构。如图 5-2（d）、图 5-3（b）和图 5-4（e）所示为圆锥销对定机构，常用于轴向分度。而图 5-3（b）所示为双斜面对定机构，常用于径向分度。这两种对定机构都能消除销与孔（或槽）之间的配合间隙，分度精度较高，且对于磨损具有一定的补偿作用，精度的保持性较好。但使用时，工作表面上的灰尘和污物将直接影响到分度精度，因此，这类机构应采用必要的防屑、挡尘措施。

（5）单斜面对定机构。如图 5-3（c）所示为用于径向分度的单斜面对定机构。这种机构起定位作用的是对定销与槽的直边相接触，无配合间隙，并且由于斜面的作用始终靠在相对应的一侧，有利于提高分度精度。另外，这种结构的抗污能力也较强，若斜面上沾有污物而引起对定销后退，只要直边接触良好，则对分度精度无影响。故常用作一般精密分度中的对定机构。

（6）正多面体对定机构。如图 5-3（d）所示为用于径向分度的正多面体对定机构。这种形式的分度盘是利用正多边体上的各个面进行分度，用斜楔加以对定。其优点是结构简单，制造容易，但分度精度不高，且分度数目不宜过多。

2. 分度对定机构的操纵方式

分度对定机构的操纵方式主要是指如何实现对定销与分度孔之间的拔销、插销和转位等一系列的动作。按原始作用力的情况分类，可将其分为手动（包括脚踏）和机动（动力源有气压、液压、电磁等）两种。这里仅介绍几种较常见的手动操纵结构，至于机动操纵，一般地讲，只需将原始作用力换为相应的各种动力源即可。

图 5-4（c）为手拉式对定销。分度时，将对定销从分度盘衬套孔中拔出，在横销脱离狭槽后，将把手转 90°使横销搁在导套的顶端，此时即可进行分度转位。分度到位后，将横销转回到狭槽内，在弹簧力的作用下，对定销自行插入分度孔中，便完成一次分度。

图 5-4　分度对定机构的操纵方式

1—分度盘；2—对定销；3—轴齿轮

图 5-4（d）、图 5-4（e）所示为齿轮齿条式对定操纵机构。这种操纵机构在对定销 2 上加工有齿条并与轴齿轮 3 啮合。当需分度拔销时，转动手柄，通过齿轮齿条的啮合传动，使对定销从分度衬套孔中拔出。分度转位后，在弹簧力的作用下，对定销便可插入下一个分度孔内（手柄反方向转动），即一次分度完成。

图 5-5 为对定时拔销、插销与分度转位联合操作的单斜面分度对定机构。转位时，松开锁紧机构（图中未画出），逆时针转动手柄 1，拔销 3 在下端斜面的作用下压缩弹簧而退出分度槽，并使空套在转轴 7 上的凸轮盘 8 与手柄 1 一起逆时针转动，这时凸轮盘 8 上的斜面 A 通过横销 5 将对定销 6 从分度盘槽中拔出。当手柄转到下一个分度槽的位置时，拔销 3 在弹簧力的作用下，再一次插入槽中，然后顺时针转动手柄 1，在拔销 3 下端直边的作用下，拨动分度盘 4 通过键使转轴 7 进行转位，直至对定销 6 在弹簧力作用下插入下一个分度槽中，即完成一次分度转位过程。

3. 锁紧机构

夹具分度装置上通常设置的锁紧机构，除采用螺杆、螺母锁紧机构外，还有其他多种形式的锁紧机构。如图 5-6（a）为偏心轮锁紧机构，转动手柄 3，偏心轮 2 通过支板 1 将回转台 5 压紧在底座 4 上。图 5-6（b）为偏心轴锁紧机构，其原理与图 5-6（a）相同。图 5-6（c）为斜楔式锁紧机构，转动螺钉 10，推动滑柱 11 左移，通过带斜面的梯形压紧螺

图 5-5 单斜面分度对定机构

1—手柄；2—弹簧；3—拔销；4—分度盘；5—横销；6—对定销；7—转轴；8—凸轮盘

钉 12 将回转台 9 压紧在底座上。图 5-6（d）为切向锁紧机构，转动手柄 14，使锁紧螺杆 16 与锁紧套 15 相对运动，将转轴 13 锁紧。若加工中产生的切削力不大，并且振动较小时，夹具的分度装置上可以不设置锁紧机构，但这时需采用圆柱形的对定销定位。

图 5-6 锁紧机构

1—支板；2—偏心轮；3，6，14—手柄；4—底座；5，9—回转台；7—分度转轴；8—偏心轴；
10—螺钉；11—滑柱；12—梯形压紧螺钉；13—转轴；15—锁紧套；16—锁紧螺杆

4. 抬起锁紧机构

在分度转位之前,为了使转盘转动灵活,特别对于较大规格的转台,需将回转盘稍微抬起;在分度结束后,则应将转盘锁紧,以增强分度装置的刚度和稳定性。为此可设置抬起锁紧装置。

图 5-7(a)所示为弹簧式抬起机构,顶柱 2 通过弹簧 1 把转盘 3 抬起。转盘 3 转位后可用锁紧圈 4、锥形圈 5 锁紧。

图 5-7(b)是偏心式抬起机构,转动圆偏心轴 9,经滑动套 11、轴承 7 把回转盘 6 抬起。反向转动圆偏心,经螺钉 12、滑动套 11、螺纹轴 8,即可将回转盘锁紧。

图 5-7(c)是大型分度转盘,用液体静压抬起。压力油经油口 C、油路系统 16、油孔 B,在静压槽 D 处产生静压,抬起转盘 19;回油经油口 A 和回油系统 15 排出。静压使转盘抬起 0.1 mm。转盘 19 由锁紧装置 18 锁紧。图 5-7(d)、图 5-7(e)为用于小型分度盘的锁紧机构。

图 5-7 抬起锁紧机构

(a)弹簧式;(b)偏心式;(c)液压式;(d)、(e)用于小型分度盘的锁紧机构
1—弹簧;2—顶柱;3—转盘;4—锁紧圈;5—锥形圈;6—回转盘;7—轴承;8—螺纹轴;
9—圆偏心轴;10,17—转台体;11—滑动套;12—螺钉;13—手柄;14—液压缸;15—回油系统;
16—油路系统;18—锁紧装置;19—转盘

图 5-8 是一种立轴式通用回转工作台的典型结构。使用时仅需把夹具安装在通用回转工作台的转盘上,即可实现加工中的分度和转位。这种分度装置采用的是插销、拔销以及锁紧联合作用的操纵机构。转盘 1 和转轴 4 由螺钉及销子连接,可在转台体 2 中转动。对定销 10 的下端有齿条与齿轮套 12 啮合。分度时,逆时针转动手柄 8,通过螺杆轴 7 上的挡销(见 B—B 剖面)带动齿轮套 12 转动,使对定销 10 从分度衬套 9 中退出。转盘转位后,再使对定销 10 在弹簧 11 的作用下插入另一分度衬套孔中,从而完成一次分

度。顺时针转动手柄 8，由于螺杆轴的轴向作用将弹性开口锁紧圈 6 收紧。并带动锥形圈 5 向下将转盘锁紧，以达到锁紧的目的；反之则松开。

图 5-8　立式通用回转台

1—转盘；2—转台体；3—销；4—转轴；5—锥形圈；6—锁紧圈；7—螺杆轴；
8—手柄；9—分度衬套；10—对定销；11—弹簧；12—齿轮套

5.2.2　夹具体设计

夹具体是将夹具上的各种装置和元件连接成一个整体的基础件，它通常是夹具上体积最大和结构最复杂的零件。在加工过程中，夹具体还要承受夹紧力、切削力、惯性力以及由此而产生的冲击和振动。所以夹具体也是承受载荷最大的零件。另外，夹具体既要保证在其上所安装的各种装置和元件间的相互位置关系，而且还要实现夹具与机床之间的定位和连接。所以，夹具体的形状和尺寸主要取决于工件的外廓尺寸和各类元件与装置的布置情况以及加工性质等。所以在专用夹具中，夹具体的形状和尺寸很多是非标准的。它的加工精度要求往往较高。为此,在设计夹具体时,还应考虑到它的结构工艺性,在保证精度、强度和刚度的前提下,使之能合理、经济和方便地制造出来。

一、夹具体设计的基本要求

夹具体设计时应满足以下基本要求:夹具体的结构形式一般由机床的有关参数和加工方式而定。主要分两大类:车床夹具的旋转型夹具体,铣床、钻床、镗床夹具的固定型夹具体。旋转型夹具体与车床主轴连接,固定型夹具体则与机床工作台连接。夹具体设计时应满足以下基本要求。

(1) 有适当的精度和尺寸稳定性。夹具体应具有良好的加工精度和尺寸稳定性。对于夹具体上用来安装定位元件、对刀(或引刀)元件或装置的工作表面,以及夹具体上用以与机床定位连接的表面和找正基面等重要表面,应根据夹具总图的设计要求,提出相应的尺寸、形状和位置精度以及粗糙度的具体要求。一般的推荐值为:粗糙度 Ra 为 $1.6 \sim 0.8~\mu m$,平面度或直线度不大于 0.05 mm,平行度或垂直度不大于 0.01 mm。

为使夹具体尺寸稳定,铸造夹具体要进行时效处理,焊接和锻造夹具体要进行退火处理。

(2) 有足够的强度和刚度。夹具体的强度和刚度主要是靠所用材料的机械性能、合理的几何形状、适当的壁厚和加强筋的合理布置这几个方面综合起来保证的。以铸造夹具体为例,其壁厚一般为 12 ~ 25 mm,并应尽量做到各处的壁厚均匀,并在刚度不足之处或对精度要求高的夹具体应设置加强筋,加强筋的厚度一般为壁厚的 0.6 ~ 0.8 倍,筋板的高度不大于其壁厚的 5 倍。夹具体的长、宽、高尺寸应大致成比例,其高度尺寸一般为长、宽尺寸之和的 0.06 ~ 0.1 倍。另外,在不影响工件装卸和加工可能性的情况下,采用框形结构或四周封闭形式的夹具体具有较高的强度和刚度。图 5 - 9 (a) 为镗模夹具体最初的结构,夹具体易产生变形。图 5 - 9 (b) 则是改进的结构;近年来采用的箱形结构 [图 5 - 9 (c)] 与同样尺寸的夹具体相比,刚度可提高几倍。对于批量制造的大型夹具体,则应做危险断面强度校核和动刚度测试。

(3) 要有适当的容屑空间和良好的排屑性能。对于切削时产生切屑不多的夹具,可加大定位元件工作表面与夹具之间的距离或增设容屑沟槽(图 5 - 10),以增加容屑空间。对于加工时产生大量切屑的夹具,可设置排屑缺口或斜面。图 5 - 11 (a) 所示为钻床夹具常采用的一种结构,在被加工孔的下部设置的斜面,以使切屑自动落下,避免切屑在夹具上积聚。车床夹具如图 5 - 11

图 5 - 9 夹具体结构比较

(b)所示，常使用的排屑孔，切屑在离心力作用下从孔中甩出。

图 5-10 容屑空间

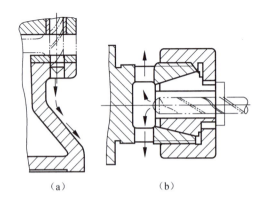

图 5-11 各种排屑方法

(a)钻床夹具排屑方式；(b)车床夹具排屑方式

（4）在机床上安装稳定可靠。夹具在机床上的安装都是通过夹具体上的安装基面与机床上相应表面的接触或配合实现的。当夹具在机床工作台上安装时，夹具的重心应尽量低，重心越高则支承面应越大；夹具底面四边应凸出，使夹具体的安装基面与机床的工作台面接触良好。夹具体安装基面的形式如图 5-12 所示，图 5-12（a）为周边接触，图 5-12（b）为两端接触，图 5-12（c）为 4 个支脚接触。接触边或支脚的宽度应大于机床工作台梯形槽的宽度，应一次加工出来，并保证一定的平面精度；当夹具在机床主轴上安装时，夹具安装基面与主轴相应表面应有较高的配合精度，并保证夹具体安装稳定可靠。

（5）应吊装方便，使用安全。夹具体的设计应使夹具吊装方便、使用安全。在加工中要翻转或移动的夹具，通常要在夹具体上设置手柄或手扶部位以便于操作。对于大型夹具为便于吊运，在夹具体上应设有起吊孔、起吊环或起重螺栓。对于旋转类的夹具体，要尽量避免凸出部分，或装上安全罩，并考虑平衡。

（6）要有较好的外观。夹具体外观造型要新颖，钢质夹具体需发蓝处理或退磁，铸件未加工部位必须清理，并涂油漆。

（7）在夹具体适当部位用钢印打出夹具编号，以便于工件的管理。

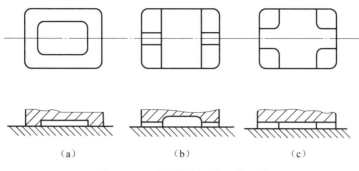

图 5-12 夹具体安装基面的形式
(a) 周边接触；(b) 两端接触；(c) 4 个支脚接触

二、夹具体毛坯的类型

1. 铸造夹具体

铸造夹具体的优点是工艺性好，可铸出各种复杂形状，具有较好的抗压强度、刚度和抗振性，但生产周期长，单件制造成本高，需进行时效处理，以消除内应力。常用材料为灰铸铁（如 HT200），要求强度高时用铸钢（如 ZG35），要求重量轻时用铸铝（如 ZL104）。目前铸造夹具体应用较多。图 5-13（a）所示为箱型结构，5-13（b）为板型结构。它们的特点是夹具体的基面 1 和夹具体的装配面 2 相互平行。图 5-14 为钻模角铁式夹具体设计示例，图中 A 为夹具体的基面，图 5-15 为角铁式车床夹具体设计示例。由于车床夹具体为旋转型，故还设置了校正圆 C，以确定夹具旋转轴线的位置。设计铸造夹具体需注意合理选择壁厚、肋板、铸造圆角及凸台等。

2. 焊接夹具体

焊接式夹具体由钢板、型材焊接而成，如图 5-16 所示。这种夹具体制造方便、生产周期短、成本低、质量轻（壁厚比铸造夹具体薄）。但焊接夹具体的热应力较大，易变形，需经退火处理，以保证夹具体尺寸的稳定性。焊接结构是国际上一些工业国家常用的方法。这类结构易于制造，制造周期短，成本低，使用也较灵洁。当发现夹具体刚度不足时，可补焊肋和隔板。焊接件材料的可焊性要好，常用材料有碳素结构钢 Q195、QZ15、Q235，优质碳素结构钢 20 钢、15Mn 等。焊接后需经退火处理，局部热处理的部位则需在热处理后进行低温回火。常用的型材有工字钢、角铁、槽钢等，使用型材可减少焊缝变形。焊接变形较大时，可采用以下措施减少变形。

（1）合理布置焊缝位置。
（2）缩小焊缝尺寸。
（3）合理安排焊接工艺。

3. 锻造夹具体

对于尺寸较大且形状简单的夹具体，可采用锻造结构，以使其有较高的强度和刚度。这类夹具体常用优质碳素结构钢、40 钢、合金结构钢 40Cr、38CrMoAlA 等经锻造后酌情采用调质、正火或回火处理。

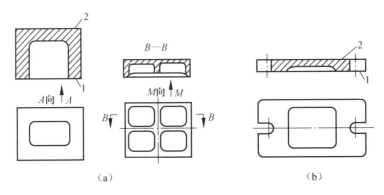

图 5-13 铸造结构的夹具体
(a) 箱型；(b) 板型
1—基面；2—装配面

图 5-14 钻模角铁式夹具示例

图 5-15 车床角铁式夹具体示例
A—夹具体基面；B—装配面；C—校正圆

图 5-16 焊接结构和装配结构
（a）焊接结构；（b）拼装结构
1—直支架；2—角铁；3—圆柱销；4、5—螺钉；6—夹具体底板

4. 拼装夹具体

它由标准的毛坯件、零件及个别非标准件通过螺钉、销钉连接、组装而成。标准件由专业厂生产。此类夹具体具有制造成本低、周期短、精度稳定等优点，有利于夹具标准化、系列化，也便于夹具的计算机辅助设计。

图 5-17（a）为用 U 形夹具体装配成的钻模。图 5-17（b）为板形夹具体装配成的铣床夹具，其结构简单，仅装配有定位销、钩形压板和 T 形槽螺钉等。图 5-17（c）

为用 T 形夹具体装配成的平面磨床夹具，这些都是夹具体的低成本设计。

图 5-17 拼装夹具体

(a) U 形夹具体装配成的钻模；(b) 板形夹具体装配成的铣床夹具；(c) T 形夹具体装配成的平面磨床夹具

>> 企业专家点评

德阳市天和机械有限责任公司李香林工程师：分度机构和夹具体的设计是夹具设计中的两个重要内容。基本上每副夹具都有夹具体，而且都是非标准件，它的精度、强度、刚度以及结构工艺性，直接关系到该夹具的质量和成本。学生了解这方面的知识是十分必要的。

习题与训练

5-1 试述分度装置的功用、类型。

5-2 回转分度装置由哪几部分组成？各组成部分有何功用？

5-3 径向分度与轴向分度各有何优缺点？

5-4 试比较常用分度对定机构的分度精度及应用范围。

5-5 如图5-18所示零件，试设计钻模的轴向分度装置。

图5-18 题5-5图

5-6 夹具体上有哪3个重要表面？说明夹具体5种结构的特点。

教学单元 6

专用机床夹具设计

> 学习要求与重点

通过本教学单元的学习，了解夹具设计的要求和步骤；会分析研究原始资料和设计任务，掌握如何确定夹具结构方案、绘制夹具总图并标注有关尺寸、配合和技术条件。懂得夹具的制造工艺性和夹具结构工艺性；了解车、铣、钻、镗床夹具的类型、结构和应用；掌握车、铣、钻、镗床夹具的设计要点；分析车、铣、钻、镗床夹具的结构和精度。重点一是会确定夹具结构方案、绘制夹具总图并标注有关尺寸、配合和技术条件；二是掌握车、铣、钻、镗床夹具的设计要点。三是通过实例掌握夹具设计方法。

6.1 专用机床夹具的设计方法和工艺性

6.1.1 任务引入

如图 6-1 (a) 所示衬套，大批量生产时用图 6-1 (b) 所示铣床夹具铣槽，分析夹具设计步骤，标准装配图有关尺寸、公差和技术要求，夹具的工艺性和精度。

图 6-1 铣床夹具
(a) 衬套零件图；(b) 衬套铣床夹具
1—心轴；2—定位套；3—对刀块；4—开口垫圈；5—压紧螺母；6—支架；7—夹具体；8—定位键

6.1.2 相关内容

一、夹具设计的要求

夹具设计时，应满足以下主要要求：

（1）夹具应满足零件加工工序的精度要求。特别对于精加工工序，应适当提高夹具的精度，以保证工件的尺寸公差和形状位置公差等。

（2）夹具应达到加工生产率的要求。特别对于大批量生产中使用的夹具，应设法缩短加工的基本时间和辅助时间。

（3）夹具的操作要方便、安全。按不同的加工方法，可设置必要的防护装置、挡屑板以及各种安全器具。

（4）能保证夹具一定的使用寿命和较低的夹具制造成本。夹具元件的材料选择将直接影响夹具的使用寿命。因此，定位元件以及主要元件宜采用力学性能较好的材料。夹具的低成本设计，目前在世界各国都已相当重视。为此，夹具的复杂程度应与工件的生产批量相适应。在大批量生产中，宜采用如气压、液压等高效夹紧装置；而小批量生产中，则宜采用较简单的夹具结构。

（5）要适当提高夹具元件的通用化和标准化程度。选用标准化元件，特别应选用商品化的标准元件，以缩短夹具制造周期，降低夹具成本。

（6）具有良好的结构工艺性，以便于夹具的制造、使用和维修。以上要求有时是相互矛盾的，故应在全面考虑的基础上，处理好主要矛盾，使之达到较好的效果。例如钻模设计中，通常侧重于生产率的要求；镗模等精加工用的夹具则侧重于加工精度的要求等。

二、专用夹具设计步骤

专用机床夹具设计是工艺装备设计的一个重要组成部分，设计质量的高低直接影响产品的质量和生产率。下面介绍设计步骤。

1. 研究原始资料、分析设计任务

工艺人员在编制零件的工艺规程时，提出了相应的夹具设计任务书，其中对定位基准、夹紧方案及有关要求作了说明。夹具设计人员根据任务书进行夹具的结构设计。为了使所设计的夹具能够满足上述基本要求，设计前要认真收集和研究下列资料。

（1）生产纲领。工件的生产纲领对于工艺规程的制订及专用夹具的设计都有着十分重要的影响。夹具结构的合理性及经济性与生产纲领有着密切的关系。大批大量生产多采用气动或其他机动夹具，自动化程度高，同时夹紧的工件数量多，结构也比较复杂。中、小批生产时，宜采用结构简单、成本低廉的手动夹具，以及万能通用夹具或组合夹具，以便尽快投入使用。

（2）零件图及工序图。零件图是夹具设计的重要资料之一，它给出了工件在尺寸、位置等方面的精度要求。工序图则给出了所用夹具加工工件的工序尺寸、工序基准、已加工表面、待加工表面、工序精度要求等，它是设计夹具的主要依据。

（3）零件工艺规程。了解零件的工艺规程主要是指了解该工序所使用的机床、刀具、加

工余量、切削用量、工步安排、工时定额、同时安装的工件数目等。关于机床，应了解机床的主要技术参数、规格、机床与夹具连接制造部分的结构与尺寸；关于刀具，应了解刀具的主要结构尺寸、精度等。

（4）夹具结构及标准。收集有关夹具零部件标准、典型夹具结构图册。了解本厂制造、使用夹具的情况以及国内外同类型夹具的资料。结合本厂实际，吸收先进经验，尽量采用国家标准。

2. 确定夹具的结构方案

确定夹具结构方案主要包括以下几种。

（1）根据工件的定位原理，确定工件的定位方式，选择定位元件。

（2）确定刀具的对准及引导方式，选择刀具的对准及导引元件。

（3）确定工件的夹紧方式，选择适宜的夹紧机构。

（4）其他元件或装置的结构形式，如导向元件、分度装置等。

（5）协调各装置、元件的布局，确定夹具体结构尺寸和总体结构。

在确定夹具结构方案的过程中，定位、夹紧、对定等各个部分的结构以及总体布局一般都会有几种不同方案可供选择，应画出草图，经过分析比较，从中选取较为合理的方案。

3. 绘制夹具总图

绘制夹具总图时应遵循国家制图标准，绘图比例应尽量取 1∶1，以便使图形有良好的直观性。如工件尺寸大，夹具总图可按一定的比例绘制；零件尺寸过小，总图可按 2∶1 或 5∶1 的比例绘制。总图中视图的布置也应符合国家制图标准，在清楚表达夹具内部结构及各装置、元件位置关系的情况下，视图的数目应尽量少。

绘制总图时，主视图应取操作者实际工作时的位置，以便于夹具装配及使用时参考。工件看作为"透明体"，所画的工件轮廓线与夹具的任何线条彼此独立，不相干涉。其外廓以黑色双点划线表示。

绘制总图的顺序是：先用双点划线绘出工件的轮廓外形和主要表面，并用网纹线表示出加工余量。围绕工件的几个视图依次绘出定位元件、对定元件、夹紧机构以及其他元件、装置，最后绘制出夹具体及连接件，把夹具的各组成元件、装置连成一体。

夹具总图上应画出零件明细表和标题栏，写明夹具名称及零件明细表上所规定的内容。

4. 确定并标注有关尺寸、配合和技术条件

（1）总图标注的尺寸和公差。在夹具总图上应标注的尺寸及配合有下列5类。

① 工件与定位元件的联系尺寸：常指工件以孔在心轴或定位销上定位时，工件孔与上述定位元件间的配合尺寸及公差等级。

② 夹具与刀具的联系尺寸：用来确定夹具上对刀、导引元件位置的尺寸。对于铣、刨夹具而言是指对刀元件与定位元件的位置尺寸；对于钻、镗夹具来说，是指钻（镗）套与定位元件间的位置尺寸，钻（镗）套之间的位置尺寸，以及钻（镗）套与刀具导向部分的配合尺寸。

③ 夹具与机床的联系尺寸：用于确定夹具在机床上正确位置的尺寸。对于车床、磨床夹具，主要是指夹具与主轴端的连接尺寸；对于铣、刨夹具则是指夹具上的定向键与机床工作台上的T形槽的配合尺寸。标注尺寸时，还常以夹具上的定位元件作为位置尺寸的基准。

④ 夹具内部的配合尺寸：它们与工件、机床、刀具无关，主要是为了保证夹具装配后能满足规定的使用要求。

⑤ 夹具的外廓尺寸：一般指夹具最大外形轮廓尺寸。当夹具上有可动部分时，应包括可动部分处于极限位置时所占的空间尺寸。例如，夹具体上有超出夹具体外的移动、旋转部分时，应注出最大旋转半径；有升降部分时，应注出最高及最低位置。标出夹具最大外形轮廓尺寸，就能知道夹具在空间实际所占的位置和可能活动的范围，以便能够发现夹具是否会与机床、刀具发生干涉。

上述诸尺寸公差的确定可分两种情况处理：夹具上定位元件之间，对刀、导引元件之间的尺寸公差，直接对工件上相应的尺寸发生影响，因而根据工件相应尺寸的公差来确定。一般取工件相应尺寸公差的1/5～1/3。定位元件与夹具体的配合尺寸公差，夹紧装置各组成零件间的配合尺寸公差等，应根据其功用和装配要求，按一般公差与配合原则决定。

（2）总图标注的位置公差。在夹具装配图上应标注的技术条件（位置精度要求）有如下几方面。

① 定位元件之间或定位元件与夹具体底面间的位置要求，其作用是保证加工面与定位基面间的位置精度。

② 定位元件与连接元件（或找正基面）间的位置要求。如图6-2中，用镗模加工主轴箱上孔系时，要求镗模上的V形定位块与夹具体上的找正基面C保持平行，因为镗套轴线是要与找正基面C保持平行的。否则便无法保证所加工的孔系轴心线与V形导轨面的平行度要求。

图6-2　定位元件与找正基准面间的位置要求

1—夹具体；2—V形定位块；3—支承板

（3）定位元件与导引元件（或对刀元件）的位置要求。如图6-3所示，若要求所钻孔的轴心线与定位基面垂直，必须以钻套轴线与定位元件工作表面A垂直、定位元件工作表面A与夹具体底面B平行为前提。

上述技术条件是保证工件相应的加工要求所必需的，其数值应取工件相应技术要求所规定数值的1/5～1/3。

图6-3　定位元件与导向元件间的位置要求

1—定位元件；2—工件；3—导引元件

三、夹具的工艺性

夹具制造属于单件生产性质，而其精度又比

加工工件高。故一般在调整、修配、装配并组合加工总装后在使用机床上就地进行最终加工等，以保证夹具的工作精度。在夹具设计时必须认识到夹具制造的这一工艺特点，否则很难在结构设计、技术条件制定等方面做到恰当、合理，以致给制造、检验、装配、维修带来困难。为了使所设计的夹具在制造、检验、装配、调试、维修等方面所花费的劳动量最少、费用最低，应做到在整个夹具中，广泛采用各种标准件和通用件，减少专用件，各种专用件的结构应易于加工、测量，各种专用部件的结构应易于装配、调试、维护。

1. 夹具的制造工艺性

对于与工件加工尺寸直接有关的且精度较高的部位，在夹具制造时常用调整法和修配法来保证夹具精度。

（1）修配法的应用。对于需要采用修配法的零件，可在其图样上注明"装配时精加工"或"装配时与××件配作"字样等。

如图6-4所示，支承板和支承钉装配后保证定位面对夹具体基面 A 的平行度公差。

图6-5所示为一钻床夹具保证钻套孔距尺寸 10 ± 0.02 mm的方法。在夹具体2和钻模板1的图样上分别注明"配作"字样，其中钻模板上的孔可先加工至留1 mm余量的尺寸，待测量出正确的孔距尺寸后，即可与夹具体合并加工出销孔。显然，原图上的 A_1、A_2 尺寸已被修正。这种方法又称"单配"。图6-6所示的铣床夹具也用相同的方法来保证V形块标准圆轴线对夹具体找正面 A 的平行度公差。

图6-4 支承板和支承钉装配后保证位置精度

图6-5 钻模的修配法
1—钻模板；2—夹具体；3—定位轴

图6-6 铣床夹具保证位置精度的方法

车床夹具的安装误差 Δ_A 较大，对于同轴度要求较高的加工面，即可在所使用的车床上加工出定位面来。如车床夹具的测量工艺孔和校正圆的加工，可通过过渡盘和所使用的车床连接后直接加工出来。从而使这两个加工面的中心线和车床主轴中心重合，获得较精确的位置精度。又如图6-7所示为采用机床自身加工的方法。加工时需夹持一个与装夹直径相同的试件（夹紧力也相似），然后车削软爪即可使三爪自定心卡盘达到较高的精度，卡盘重新安装时需再加工卡爪的定位面。

镗床夹具也常采用修配法。例如将镗套的内孔与所使用的镗杆的实际尺寸单配间隙控制在 0.008～0.01 mm，即可使镗模具有较高的导向精度。

夹具的修配法都涉及夹具体的基面，从而不致使各种误差累积，达到预期的精度要求。

（2）调整法的应用。调整法与修配法相似，在夹具上通常可设置调整垫圈、调整垫板、调整套等元件来控制装配尺寸。这种方法较简易，调整件选择得当即可补偿其他元件的误差，以提高夹具的制造精度。

图 6-7 三爪自定心卡盘的修配法

图 6-8 钻模的调整法
1—钻套；2—定位轴；
3—支承板；4—螺钉；
5—夹具体；6—销钉；
7—钻模板

将图 6-5 所示的钻模改为调整结构，则只要增设一个支承板 3（如图 6-8 所示），待钻模板装配后再按测量尺寸修正支承板的尺寸 A 即可。

2. 夹具的结构工艺性

夹具的结构工艺性主要表现为夹具零件制造、装配、调试、测量、使用等方面的综合性能。夹具零件的一般标准和铸件的结构要素等，均可查阅有关手册进行设计。以下就夹具零部件的加工、维修、装配、测量等工艺性进行分析。

（1）注意加工和维修的工艺性。夹具主要元件的连接定位采用螺钉和销钉。如图 6-9（a）所示的销钉孔制成通孔，以便于维修时能将销钉压出；如图 6-9（b）所示的销钉则可以利用销钉孔底部的横向孔拆卸；如图 6-9（c）为常用的带内螺纹的圆锥销。

如图 6-10 所示为两种可维修的衬套结构，它们在衬套的底部设计有螺孔或缺口槽，以便使用工具将其拔出。

（a） （b） （c） （a） （b）

图 6-9 销孔连接的工艺性　　　　图 6-10 衬套连接的工艺性

如图 6-11 所示为几种螺纹连接结构。图 6-11（a）的螺孔太长；图 6-11（d）所用的螺钉太长且突出外表面，在设计时都要避免。

（2）注意装配测量的工艺性。夹具的装配测量是夹具制造的重要环节。无论是用修配法或调整法装配，还是用检具检测夹具精度时，都应处理好基准问题。

图 6-11 螺纹连接的工艺性
(a) 成本较高；(b) 较好；(c) 好；(d) 较差

为了使夹具的装配、测量具有良好的工艺性，应遵循基准统一原则，以夹具体的基面为统一的基准，以便于装配、测量，保证夹具的制造精度。

如图 6-12（a）所示为用数字高度游标尺测量钻模孔距的方法。由于盖板式钻模没有夹具体，故直接用钻模板及定位元件为测量基准。如图 6-12（b）所示为用检验棒和量块测量 V 形块标准圆中心高和平行度的方法。如图 6-12（c）所示为用检验棒测量镗模导向孔平行度的方法。装配时可通过修刮支架的底面来保证镗模的中心高尺寸和平行度要求。

图 6-12 夹具精度的检测

6.1.3 任务实施

一、研究原始资料、分析设计任务

如图 6-1 所示衬套零件，其余表面已加工好，本工序的任务是在卧式铣床上铣槽，生产批量为大批生产。加工槽的主要技术要求有：

(1) 槽的深度尺寸：40 ± 0.05 mm（$T_{k1} = 0.10$ mm）。

(2) 槽对 $\phi 100_{-0.012}^{0}$ mm 的轴线的平行度公差：0.05 mm/100 mm。（$T_{k2} = 0.05$ mm/100 mm）

(3) 槽与左端面的距离尺寸为 130 mm。

二、夹具的结构方案

(1) 定位方案分析。根据零件的结构特点，该夹具的定位方案主要有以下两个。

① 以 $\phi 60_{0}^{+0.1}$ mm 内孔为定位基准，用心轴定位。此时，定位基准与工序基准不重合，

对于保证槽对 $\phi 100_{-0.012}^{0}$ mm 的轴线的平行度公差不利，有基准不重合误差。

② 以 $\phi 100_{-0.012}^{0}$ mm 外圆为定位基准，用定位套定位，如图 6-1（b）所示，此时基准重合。

比较以上两个方案，第二方案基准重合，结构也不复杂，选第二方案更合理。此方案中长定位套限制 4 个自由度，左端面限制一个自由度。根据加工要求，绕轴线的转动自由度可以不限制。

（2）夹紧方案。端面快换垫圈、螺母夹紧，夹具结构简单、装夹方便，满足加工要求，如图 6-1（b）所示。

三、装配图的标注

夹具的标注尺寸如图 6-13 所示，主要有以下几个方面。

图 6-13 铣床夹具标注示例

1—心轴；2—定位套；3—对刀块；4—开口垫圈；5—压紧螺母；6—支架；7—夹具体；8—定位键

（1）标注与加工尺寸 40±0.05 mm 有关的尺寸和公差为 37±0.01 mm，其中对刀块尺寸公差取 $T_{k1}/5 = 0.02$ mm；塞尺取 $3_{-0.014}^{0}$ mm。

（2）标注与工件平行度（$T_{k2} = 0.05$ mm/100 mm）有关的位置公差，即定位套孔 $\phi 100H6$ mm 的轴线对夹具体基面 B 的平行度公差，取 $T_{k2}/5 = 0.01$ mm/100 mm。

（3）标注与加工尺寸 130 mm 有关的对刀尺寸为 127±0.10 mm，对刀基准为定位元件的定位面，塞尺取 $3_{-0.014}^{0}$ mm。$\phi 100H6$ 孔轴线对定位键侧面 C 的垂直度公差为 0.01 mm/100 mm。

（4）夹具的外形尺寸：260 mm 和 340 mm。

四、误差分析

误差分析计算主要包括以下几个方面。

1. 校核尺寸公差 40±0.05 mm（$T_{k1}=0.10$ mm）

（1）定位误差 Δ_D。因基准重合，$\Delta_B=0$；又因定位套的内孔尺寸是 $\phi100H6$（$\phi100^{+0.022}_{0}$ mm），工件的外径是 $\phi100^{0}_{-0.012}$ mm，故

$$\Delta_D = \Delta_Y = (0.022+0.012)\text{ mm} = 0.034\text{ mm}$$

（2）夹具位置误差 Δ_A。因为夹具体内孔与定位套的外径是过盈配合（$\phi116\dfrac{H7}{n6}$），而且定位套中心高与尺寸（40±0.05）mm 无关，故 $\Delta_A=0$。

（3）对刀误差 Δ_T。对刀块的调整误差是 0.02 mm，塞尺厚度为 $3^{0}_{-0.014}$ mm，故

$$\Delta_T = (0.014+0.02)\text{ mm} = 0.034\text{ mm}$$

（4）加工方法误差 Δ_G。由于尺寸 40±0.05 mm 与机床和刀具的关系较小，根据经验取 $\Delta_G=0.1$ mm/5 = 0.02 mm

（5）按式（3-3）得

$$\sqrt{0.034^2+0.034^2+0.02^2}\text{ mm} = 0.05\text{ mm} < T_{k1}$$

故夹具尺寸公差设计合理。

2. 校核平行度公差（$T_{k2}=0.05$ mm/100 mm）

（1）定位误差 Δ_D 与基准重合，$\Delta_B=0$；又因定位套的内孔尺寸是 $\phi100H6$（$\phi100^{+0.022}_{0}$ mm），工件的外径是 $\phi100^{0}_{-0.012}$ mm，定位套长度 110 mm，故平行度公差为

$$\Delta_D = \dfrac{(0.022+0.012)\text{ mm}}{110\text{ mm}} = \dfrac{0.034\text{ mm}}{110\text{ mm}} = \dfrac{0.0309\text{ mm}}{100\text{ mm}}\text{（定位套长度 110 mm）}$$

（2）夹具位置误差 Δ_A。因定位套的内孔轴线对夹具体下表面的平行度为 0.01/100，故

$$\Delta_A = \dfrac{0.01\text{ mm}}{100\text{ mm}}$$

（3）对刀误差 Δ_T。由于对刀误差不影响平行度，故

$$\Delta_T = 0$$

（4）加工方法误差 Δ_G。根据经验取 $\Delta_G=$（0.01 mm/100 mm）/5 = 0.002 mm/100 mm 按式（3-3）得

$$\dfrac{0.0309\text{ mm}}{100\text{ mm}} + \dfrac{0.01\text{ mm}}{100\text{ mm}} = \dfrac{0.0409\text{ mm}}{100\text{ mm}} < \dfrac{0.05\text{ mm}}{100\text{ mm}}$$

故此项设计也合理。

6.2 车床夹具设计

6.2.1 任务引入

如图 6-14 所示横拉杆接头零件，除 M24×1.5-6H 螺孔外，其余部分都已加工好。在

普通车床上大批量生产加工 M24×1.5-6H 螺孔,必须设计专用车床夹具才能保证生产率和精度要求,下面学习车床夹具的类型、结构、设计要点和设计方法。

图 6-14　横拉杆接头

6.2.2　相关知识

一、车床夹具的主要类型和结构

车床夹具主要用于加工零件的内外圆柱面、圆锥面、回转成形面、螺纹面以及端平面等。上述各种表面都是围绕机床主轴的旋转轴线而形成的,根据这一加工特点和夹具在机床上安装的位置,将机床夹具分为以下两种基本类型。

(1)安装在车床主轴上的车床夹具。安装在车床主轴上的车床夹具除三爪卡盘,四爪卡盘,花盘,前、后顶尖以及拨盘与鸡心夹的组合通用车床夹具外,往往根据加工的需要设计专用车床夹具。加工时夹具随机床主轴一起旋转,切削刀具做进给运动。

(2)安装在车床拖板上的车床夹具。对于某些形状不规则或尺寸较大的工件,常常把夹具安装在车床拖板上,刀具则安装在车床主轴上做旋转运动,夹具做进给运动。加工回转成形面的靠模属于安装在床身上的夹具。

根据夹具的结构特点,又将车床夹具分为心轴类车床夹具、圆盘式车床夹具和角铁式车床夹具等。

1. 心轴类车床夹具

心轴类车床夹具多用于工件以内孔作为定位基准,加工外圆柱面的情况,常见的车床心轴有普通心轴、弹簧心轴、顶尖式心轴等。这部分在教学单元 3 中已经讲过。

如图 6-15 是飞球保持架工序图,本工序的加工要求是车外圆 $\phi 92_{-0.5}^{0}$ mm 及两端倒角。图 6-15(b)为加工时所使用的圆柱心轴,心轴上装有定位键 3,工件以 $\phi 33$ mm 孔、一端面及槽的侧面作为定位基准定位,每次装夹 20 件,每隔一件装一个隔套,以便加工倒角 C0.5。旋转螺母 7,通过快换垫圈 6 和压板 5 将工件一起夹紧。

2. 圆盘式车床夹具

圆盘式车床夹具的夹具体为圆盘形,其加工的工件一般都形状复杂,多数情况是工件的定位基准为圆柱面和与其垂直的端面。夹具上的平面定位件与车床主轴的轴线相垂直。

(a)　　　　　　　　　　　　(b)

图 6-15　飞球保持架工序图及其心轴

1—心轴；2，5—压板；3—定位键；4—螺钉；6—快换垫圈；7—螺母

如图 6-16 所示为回水盖零件。本工序加工回水盖上 $2\times G1$ 螺孔。加工要求是：两螺孔的中心距为 78 ± 0.3 mm，两螺孔的连心线与 $\phi 9H7$ 两孔的连心线之间的夹角为 $45°$，两螺孔轴线应与底面垂直。

如图 6-17 所示为加工回水盖上 $2\times G1$ 螺孔的圆盘式车床夹具。工件以底平面和两个 $\phi 9H7$ 孔分别在分度盘 3、定位销 7 和菱形销 6 上定位。拧螺母 9，由两块螺旋压板 8 夹紧工件。车完一个螺纹孔后，松开 3 个螺母 5，拔出对定销 10，将分度盘 3 回转 $180°$，当对定销 10 插入另一分度孔中，再拧紧 3 个螺母 5 即可加工另一个螺孔。

图 6-16　回水盖零件

图 6-17　圆盘式车床夹具

1—过渡盘；2—夹具体；3—分度盘；4—T 形螺钉；5，9—螺母；6—菱形销；
7—定位销；8—压板；10—对定销；11—平衡块

3. 角铁式车床夹具

角铁式车床夹具的结构特点是具有类似角铁的夹具体。它常用于加工壳体、支座、接头类等零件上的圆柱面及端面。当被加工工件的主要定位基准是平面,被加工面的轴线对主要定位基准面保持一定的位置关系(平行或成一定的角度)时,相应的夹具上的平面定位件设置在与车床主轴轴线相平行或成一定角度的位置上。

如图 6-18 所示为座板体零件工序图。若加工 $\phi 2.5^{+0.01}_{\ 0}$ mm 和 $\phi 10^{+0.011}_{+0.005}$ mm 采用钻、镗、铰的工艺方案,则在镗孔时需精车端面 A 和端面 B ($\phi 12$ mm 范围内),且 A、B 两面与孔 $\phi 10^{+0.011}_{+0.005}$ mm 轴线的端面跳动量不超过 0.02 mm。此外,加工 $\phi 2.5^{+0.01}_{\ 0}$ mm 孔时,还应保证其轴线与 $\phi 10^{+0.011}_{+0.005}$ mm 孔轴线的同轴度允差为 $\phi 0.01$ mm;$\phi 10^{+0.011}_{+0.005}$ mm 孔的位置尺寸为 15.5 ± 0.1 mm 和 8 ± 0.1 mm;$\phi 2.5^{+0.01}_{\ 0}$ mm 和 $\phi 10^{+0.011}_{+0.005}$ mm 的轴线与 $\phi 17.5$ mm 的轴线位置度公差不得大于 0.02 mm。

图 6-18 座板体零件工序图

根据以上对零件工序尺寸的分析,可选工件上的 $\phi 17.5$ mm 孔轴心线和 M、N 两个平面为定位基准。如图 6-19 所示为该工序的车床夹具图,定位销 3(短圆柱)、定位板 4 和活动导向定位板 2 共限制了 6 个自由度。以孔 $\phi 20 H7$ 和端面 B 作为与过渡盘的安装基准,表面 K 作为校正基准。在此需要说明一点,工件尺寸 8 ± 0.1 mm 由经过尺寸链换算过的 3.5 ± 0.06 mm 间接保证,即是夹具上所标尺寸 3.5 ± 0.02 mm 的由来。只要夹具在验收时,满足尺寸 3.5 ± 0.02 mm 的要求,则零件尺寸 8 ± 0.1 mm 就能由工艺装备保证。

二、车床夹具的设计要点

1. 定位装置的设计

车床夹具在设计定位装置时,除考虑应限制的自由度外,最重要的是要使工件加工表面的轴线与机床主轴回转轴线重合。除此之外,定位装置的元件在夹具体上的位置精度与工件加工表面的位置尺寸精度有直接的关系。所以在夹具总图上,一定要标注定位元件的位置尺

图 6－19　角铁式车床夹具

1—平衡块；2—活动导向定位板；3—定位销；4—定位板；5—定位套；6—夹具体；
7—角铁；8—压板；9—螺母

寸和公差（如图 6－19 的尺寸 3.5±0.02 mm），作为夹具的验收条件之一。另外，常常在车床夹具上设置找正孔、校正基圆或定位孔（如图 6－19 的尺寸 $\phi20H7$），以保证车床夹具精确地安装到机床主轴回转中心上。夹具体上定位套孔的轴线与夹具体的端面 A 垂直度公差为 0.005 mm。因为 A 面是夹具与车床过渡盘安装时的装配基准。

2. 夹具配重的设计要求

在车床上进行加工时，工件随夹具一起转动，将受到很大的离心力作用，且离心力随转速的增高而急剧增大。这对零件的加工精度、加工过程中的振动以及零件的表面质量都会有很大的影响。所以，车床夹具要注意各装置之间的布局，必要时设计平衡块加以平衡，如图 6－19 中的 1 所示。

3. 夹紧装置的设计要求

车床夹具在工作过程中要受到离心力和切削力的作用，其合力的大小与方向相对于工件的定位基准又是变化的，所以夹紧装置要有足够的夹紧力和良好的自锁性，以保证夹紧安全可靠。但夹紧力不能过大，且要求受力布局合理，不至于破坏定位装置的位置精度。如图 6－20 所示为在车床上镗轴承座孔的角铁式车床夹具，图 6－20（a）所示施力方式是正确的。图 6－20（b）所示结构虽比较复杂，但从总体上看更趋合理。图 6－20（c）所示尽管结构简单但夹紧力会引起角铁悬伸部分及工件的变形，破坏了工件的定位精度，因此不合理。

4. 夹具在车床主轴上的安装

车床夹具与主轴的连接精度直接影响到夹具的回转精度，从而造成工件的误差。因此要求夹具的回转轴线与车床主轴回转轴线具有较高的同轴度。

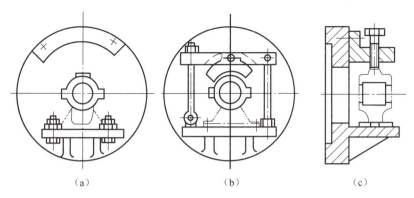

图 6-20 夹紧施力方式的比较

车床夹具与机床主轴的连接结构形式在车床型号确定之后，可由机床使用说明书或有关手册查知。车床主轴前端一般都车有锥孔和外锥，或轴颈与凸缘端面等结构提供给夹具的连接基准。但要注意，同类机床因其生产厂家不同尺寸可能有差异。最可靠的确定方法，还是去现场测量，以免造成错误或损失。

确定夹具与机床主轴连接结构，一般根据夹具径向尺寸的大小而定。

（1）径向尺寸 $D<140$ mm，或 $D<(2\sim3)d$ 的小型车床夹具，一般通过锥柄安装在主轴锥孔中，并以主轴后端穿一螺栓拉杆拉紧，以防止加工中受力松脱，如图 6-21 所示。这种连接方式结构简单，夹具与机床的安装精度较高。

图 6-21 夹具在主轴锥孔中安装
1—拉杆；2—主轴；3—夹具

（2）对于径向尺寸较大的夹具，一般通过过渡盘与车床主轴连接，如图 6-22（a）所示。过渡盘以内圆柱面与主轴前端轴用 H7/h6 或 H7/js6 配合定心，以螺纹与主轴连接。为安全起见，用两个带锥面的压块 3，借螺钉的作用将过渡盘紧贴在主轴凸缘端面上，以防倒车惯性力的作用而松脱。如图 6-22（b）所示，过渡盘以短锥面与主轴前端轴颈连接，螺母 4 锁紧，键槽传递扭矩。

图 6-22 夹具通过过渡盘与车床主轴连接
1—主轴；2—过渡盘；3—压块；4—螺母；5—键；6—工件

过渡盘与夹具多采用止口结构定位，采用 H7/h6 或 H7/js6 配合，并用螺钉紧固。过渡盘常为机床配件备用，但止口的凸缘与大端面是由用户根据需要自己就地加工的。

在设计车床夹具时，要特别注意在夹具体上设置校正基准，确保夹具的轴线与机床回转中心线的位置关系。

5. 对夹具总体结构的要求

车床夹具一般都是在悬臂状态下工作的，为保证加工过程的稳定性，夹具结构应力求简单紧凑、轻便且安全，悬伸长度要尽量小，重心靠近主轴前支承。为保证安全，装在夹具上的各个元件不允许伸出夹具体直径之外，不应该有突出的棱角，必要时应加防护罩。此外，还应考虑切屑的缠绕、切削液的飞溅等影响安全操作的问题。

1）夹具的悬伸长度

夹具的悬伸长度 L 与轮廓直径 D 之比应参照以下数值选取：

直径小于 150 mm 的夹具，$L/D \leq 1.25$；

直径在 150～300 mm 的夹具，$L/D \leq 0.9$；

直径大于 300 mm 的夹具，$L/D \leq 0.6$。

2）夹具的静平衡

由于加工时夹具随主轴旋转，如果夹具的总体结构不平衡，则在离心力的作用下将造成振动，影响工件的加工精度和表面粗糙度，加剧机床主轴和轴承的磨损。因此，车床夹具除了控制悬伸长度外，结构上还应基本平衡。角铁式车床夹具的定位元件及其他元件总是布置在主轴轴线一侧，不平衡现象最严重，所以在确定其结构时，特别要注意对它进行平衡。平衡的方法有两种：设置平衡块或加工减重孔。

在确定平衡块的质量或减重孔所去除的质量时，可用隔离法做近似估算。即把工件及夹具上的各个元件，隔离成几个部分，互相平衡的各部分可略去不计，对不平衡的部分，则按力矩平衡原理确定平衡块的质量或减重孔应去除的质量。为了弥补估算法的不准确性，平衡块上（或夹具体上）应开有径向槽或环形槽，以便调整。

3）夹具的外形轮廓

车床夹具的夹具体应设计成圆形，为保证安全，夹具上的各种元件一般不允许突出夹具体圆形轮廓之外。此外，还应注意切屑缠绕和切削液飞溅等问题，必要时应设置防护罩。

三、车床夹具的精度分析

车削加工中，因车床夹具随主轴一起回转，工件上被加工成的回转面的轴线就代表车床主轴的回转轴线。工序基准相对于主轴轴线的变化范围就是加工误差，其大小受工件在夹具上的定位误差 Δ_D、夹具的位置误差 Δ_A 和加工方法误差 A_G 的影响。

由于工件的加工面是由刀具切削刃的成形运动所形成的，而这种成形运动来源于机床，所以夹具在机床上安装时，定位元件对机床装夹面的相互位置误差必定导致一定的加工误差。该加工误差称为夹具的位置误差 Δ_A。它与下列因素有关：

（1）夹具定位元件与夹具体基面的位置误差，以 Δ_{A1} 表示。

（2）夹具体基面本身的制造误差以及与机床的连接误差，以 Δ_{A2} 表示。

车床心轴和其他车床专用夹具在机床上的位置误差可按如下方法确定。

(1) 对于心轴,夹具的位置误差 Δ_A 就是心轴工作表面的轴线与中心孔或者心轴锥柄轴线间的同轴度误差。

(2) 对于其他车床专用夹具,一般用过渡盘与主轴轴颈连接。当过渡盘是与夹具分离的机床附件时,产生夹具位置误差的因素是:定位元件与夹具体止口轴线间的同轴度误差,或者相互位置尺寸误差;夹具体止口与过渡盘凸缘间的配合间隙,过渡盘定位孔与主轴轴颈间的配合间隙。

6.2.3 任务实施

如图 6-14 所示横拉杆接头,材料为 HT200,本工序的加工内容和要求是车螺纹 M24×1.5 mm-6H 底孔和螺纹。要求保证以下技术要求:

(1) M24×1.5 mm-6H 底孔和螺纹的直径,该技术要求由工件相对于刀具的加工位置和运动关系保证与夹具无关。

(2) 尺寸 27±0.26 mm。由定位销 7 的台肩面与过渡盘 ϕ92H7 的中心线的距离尺寸精度来保证,如图 6-24 所示尺寸 27±0.08 mm。因为夹具体止口与过渡盘配合(这里过渡盘是连接在夹具上不拆的,看成一个整体),过渡盘又通过 ϕ32H7 与车床连接,从而夹具体的中心线与车床的回转中心重合。只要保证定位销的台肩面与过渡盘 ϕ92H7 的中心线的距离尺寸精度,就能保证尺寸 27±0.26 mm 的精度。

(3) 孔壁厚的均匀是由定心夹紧装置的精度决定的。

一、确定定位方案及定位装置设计

1. 确定定位方案

根据零件的加工要求,必须限制 6 个自由度,实现完全定位才能满足加工要求。

方案一:如图 6-23(a)所示,选端面 A 为第一定位基准,限制 3 个自由度;选 $\phi 34^{+0.05}_{\ 0}$ mm 孔与短销配合定位,限制 2 个自由度;ϕ32 mm 母线为第三定位基准,限制 1 个自由度。

方案二:如图 6-23(b)所示,选 $\phi 34^{+0.05}_{\ 0}$ mm 孔与长销配合定位,限制 4 个自由度;选端面 A 为第二定位基准,限制 1 个自由度;ϕ32 mm 中心线为第三定位基准,限制 1 个自由度。

方案三:如图 6-23(c)所示,根据基准重合原则,选端面 A 为第一定位基准,限制 3 个自由度;选 $\phi 34^{+0.05}_{\ 0}$ mm 孔为第二定位基准,限制 2 个自由度;ϕ32mm 中心线为第三定位基准,限制 1 个自由度。

分析比较以上 3 个方案,方案一中选端面 A 限制 3 个自由度,孔 $\phi 34^{+0.05}_{\ 0}$ mm 限制 2 个自由度符合基准重合的原则,装夹也方便。但由于壁厚只有 4 mm,灰铸铁非加工面误差大,按如图 6-23(a)定位方案不能保证壁厚均匀;方案二按如图 6-23(b)用定心夹紧装置实现 ϕ32 mm 中心线定位就克服了方案一的缺点,但用孔 $\phi 34^{+0.05}_{\ 0}$ mm 限制 4 个自由度,端面 A 限制 1 个自由度,从夹具结构考虑不好。因为定位面直径必然比 M36×1.5 mm-6H 螺孔大,如果用图 6-23(b)的定位方式,相对于 $\phi 34^{+0.05}_{\ 0}$ mm 孔的长度而言,它实际上限制了 3 个自由度,形成了过定位;所以,方案三更加合理。

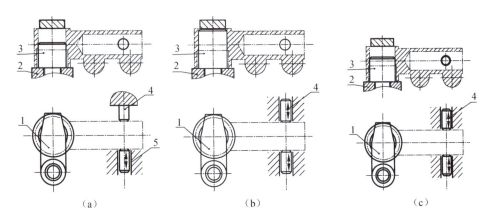

图 6-23 横拉杆接头定位方案分析
（a）方案一；（b）方案二；（c）方案三
1—压板；2—支承板；3—定位销；4—支承钉；5—夹爪

2. 定位装置设计

采用如图 6-24 所示带台阶的定位销定位，限制 5 个自由度；用图 6-24 所示的定心夹紧装置限制 1 个自由度。保证定位销端面与机床回转中心的距离为 27 ± 0.08 mm。

图 6-24 横拉杆接头车床夹具

1—过渡盘；2—夹具体；3—连接块；4—销钉；5—杠杆；6—拉杆；7—定位销；8—钩形压板；
9—带肩螺母；10—平衡块；11—楔块；12—螺旋压板

二、确定夹紧方案

如图 6-24 所示，用压板夹紧，主要夹紧力朝向端面 A，但夹紧力没有靠近加工表面，所以再用定心联动夹紧机构在 $\phi32$ mm 外圆夹紧。该夹紧机构虽然结构较复杂，但效率高，符合定位要求，特别适合用于大批量生产。

三、夹具总体结构

夹具结构如图 6-24 所示，当拧紧带肩螺母 9 时，钩形压板 8 将工件压紧在定位销 7 的台肩上，同时使拉杆 6 向上做轴向运动，并通过连接块 3 带动杠杆 5 绕销钉 4 做顺时针转动，于是将楔块 11 拉下，用过两个摆动 V 形块的回转式螺旋压板 12 同时将工件定心压紧，使工件待加工孔的轴线与专用夹具的轴线一致。

四、夹具误差分析

分析影响加工尺寸 27 ± 0.26 mm（T_{k1}）的加工误差如下。

(1) 定位误差 Δ_D。因基准重合，$\Delta_B = 0$；又因是平面定位，$\Delta_Y = 0$。故

$$\Delta_D = 0$$

(2) 夹具位置误差 Δ_A。由于此夹具的过渡盘是连接在夹具上不拆的，过渡盘定位圆孔轴线为夹具的安装基准，夹具上定位销的台阶平面与过渡盘定位圆孔轴线间的距离尺寸为 27 ± 0.08 mm。因此

$$\Delta_{A1} = 0.016 \text{ mm}$$

过渡盘定位圆孔与主轴轴颈相配合，其配合尺寸为 $\phi92$H7/js6，查表得：$\phi92$H7 为 $\phi92^{+0.035}_{0}$ mm，$\phi92$ js6 为 $\phi92 \pm 0.011$ mm。因此

$$\Delta_{A2} = (0.035 + 0.011) \text{ mm} = 0.046 \text{ mm}$$

$$\Delta_A = (0.046 + 0.016) \text{ mm} = 0.062 \text{ mm}$$

若过渡盘是与夹具分离的机床附件，则

$$\Delta_{A2} = x_{1\max} + x_{2\max}$$

式中 $x_{1\max}$——过渡盘定位孔与主轴间的最大配合间隙（mm）；

$x_{2\max}$——过渡盘与夹具体止口间的最大配合间隙（mm）。

(3) 对刀误差 Δ_T。对刀误差与尺寸 27 ± 0.26 mm 无关，故

$$\Delta_T = 0$$

(4) 加工方法误差 Δ_G。由于影响尺寸 27 ± 0.26 mm 的因素较多，根据经验取 $\Delta_G = 0.52$ mm/3 = 0.173 mm

按式（3-3）得

$$\sqrt{0.062^2 + 0.173^2} \text{ mm} = 0.184 \text{ mm} < 0.54 \text{ mm}$$

故夹具尺寸公差设计合理。

五、夹具在机床上的安装、调试

夹具装配检验合格后，必须正确安装在机床上才能保证加工精度。如图 6-24 所示横拉

杆接头车床夹具是用过渡盘上的孔 $\phi 92H7$ 与车床上的定位轴配合实现定位的（$\Delta_A = \Delta_{A1} + \Delta_{A2} = (0.016 + 0.046)\text{mm} = 0.062\text{mm} < (0.52/3)\text{mm}$），从误差分析计算，该夹具满足要求。通常也可用夹具体外圆面作为校正、检验基准，装配时保证该圆的基准面与夹具定位面的位置精度，安装好后检验该表面与车床主轴的跳动。

6.3 铣床夹具

6.3.1 任务引入

如图 6-25 所示的车床尾座顶尖套筒，除工件上的键槽和油槽外，其余部分都已加工好。在普通铣床上大批量生产该零件，必须设计专用铣床夹具才能保证生产率和精度要求，下面学习铣床夹具的类型、结构、设计要点和设计方法。

图 6-25 车床顶尖套筒

6.3.2 相关知识

一、铣床夹具的主要类型

铣床上装夹工件并保证工件的距离尺寸及形位公差要求的工艺装备称为铣床夹具。铣床夹具主要用于加工平面类、沟槽类、分齿类及成形表面类工件。

铣床的主运动一般是刀具的旋转运动，进给运动一般是由工作台的直线移动和工作台的旋转来实现的，铣床夹具一般安装在铣床的工作台上，因此铣床夹具的结构很大程度上取决于铣床的进给运动方式，因此铣床夹具一般分为直线进给式、圆周进给式及靠模式 3 种类型。

1. 直线进给式铣床夹具

这类夹具随铣床的工作台一起做直线进给运动，应用极为广泛，按照其装夹工件数目的多少，又分为单件铣床夹具和多件铣床夹具。

1）单件铣床夹具

单件铣床夹具多用于加工尺寸较大的工件或定位夹紧方式较为特殊的中小型工件。

如图 6-26 所示杠杆零件，要求铣双斜面。工件的定位方案选择以前工序已经精加工过的 φ22H7 孔及其一端面定位销上定位，限制其 3 个移动和两个转动共 5 个自由度，通过其圆弧面在可调支承上定位，限制其绕 φ22H7 孔轴心线的转动自由度，因此，该工件加工的定位方案采用完全定位。采用了可调支承，加工要求一批毛坯需调整一次可调支承的高度。

图 6-26　杠杆

如图 6-27 所示为其在卧式铣床上成批加工的铣床夹具。根据主夹紧力指向主要定位表面的原则，该工件的夹紧方案采用了钩形压板 10 将工件夹紧在定位销的端面上，如图 6-27 中的 A—A 剖面图，导致夹紧力远离加工表面，因此在接近加工表面处，采用由 2、3、5 等元件构成的辅助夹紧机构，夹紧时，转动卡爪连接杆右端的螺母，卡爪 2、3 对向移动，当它们同时与工件接触时，继续转动螺母，通过锥套 5 迫使末端带有 3 条轴向开口槽的卡爪 3 弹性胀开，在将工件夹紧的同时并将辅助夹紧机构锁紧在夹具体中，提高工件的装夹刚性，避免铣削力引起振动，保证工件加工过程的稳定性。

该工件加工的对刀方案采用了由对刀块 7 和塞尺组成的对刀装置，确定刀具的正确位置，角度对刀块 7 的对称中心与定位销 9 的端面之间的距离为 18 ± 0.1 mm，从而保证杠杆两斜面对称中心与端面之间为 18 mm，因此确定刀具与工件之间的正确位置关系。两斜面之间的夹角由安装在刀杆上的成形铣刀或两把角度铣刀构成的夹角保证。

该夹具通过夹具体的底平面与机床工作台接触，两定位键与机床工作台的 T 形槽相配合，从而限制了夹具沿工作台导轨运动方向的移动自由度外的 5 个自由度，保证了夹具与机床之间的正确位置关系。夹具装配时又保证两定位键一侧与定位销 9 的端面垂直。因此，此夹具保证了工件在夹具中有正确位置关系；刀具与工件之间有正确位置关系；夹具与机床之间有正确位置关系，从而保证工件的加工要求。

图6-27 杠杆双斜面铣床夹具

1—夹具体；2、3—卡爪；4—卡爪连接杆；5—锥套；6—可调支承；7—对刀块；8—定位键；9—定位销；10—钩形压板

2)多件铣床夹具

如图 6-28 所示为连杆两侧面及槽铣床夹具。该夹具由固定在铣床工作台的基础件和可装卸工件的弹仓组成。工件首先通过 ϕ22H9、ϕ10H9 两个孔及其一侧端面在弹仓的圆柱销 12、菱形销 11 和支架的端面上实现完全定位。弹仓 6 每次装满 4 个工件后,通过其圆柱销 10 和 15 以及菱形销 11 和 14,分别装入夹具体上安装孔 5 与 8 及槽口件 4 和 7 中,转动螺母 1,推动钩形压板 2 将工件及弹仓夹紧在夹具体中,实现完全定位。一个夹具至少应配备两个弹仓。

图 6-28 连杆两侧面及槽铣床夹具

1—螺母;2—钩形压板;3—压块;4,7—槽口件;5,8—安装孔;6—弹仓;9—夹具体;
10,12,15—圆柱销;11,14—菱形销;13—支架

由以上事例可以看出,采用不同的加工方式设计多件铣床夹具,可不同程度地提高加工效率。对夹具最基本的要求是既能保证加工要求,又能适应生产节拍。因此在设计此类夹具时,应根据加工效率要求,采用联动夹紧机构、气压或液压等动力装置来合理设计夹紧装置;或采取措施使加工时间与装卸工件的时间重合。

2. 圆周进给式铣床夹具

这类夹具随铣床的圆工作台一起做旋转运动,多个夹具均布在圆工作台上,可以连续加工工件,能在不停车的情况下实现装卸工件,装卸工件的时间与加工时间完全重合,生产效

率高,广泛用于大量生产中。

此类夹具主要用于带有回转工作台的专用铣床或安有回转工作台的普通铣床上。

如图6-29为在立式铣床上安装回转台铣削拨叉叉口上下表面的夹具。工件以其圆柱孔、端面及一侧面在圆柱销2的圆柱面与端面和挡销4上实现完全定位。通过液压缸6、拉杆1和开口垫圈3组成的夹紧机构对其实施夹紧,可以同时装夹12个工件。回转台的运动由蜗杆蜗轮副传动。操作者在装卸工件区域可实现不停车的装卸工件。

图6-29 拨叉叉口上下表面铣床夹具

1—拉杆;2—圆柱销;3—开口垫圈;4—挡销;5—回转工作台;6—液压缸

图6-30为在双立铣头专用铣床上铣连杆两端平面铣床夹具。连杆以其端平面和大小头圆弧面在夹具体上的支承板和V形块上实现完全定位。由于采用双铣头可以顺利完成工件两面的粗精加工,因此两相邻夹具的定位支承板应有高度差,其值与工件的单边加工余量相吻合。操作者在装卸工件区域可实现不停车的装卸和翻转只加工了一面的工件。

此类夹具的加工效率高。在设计时,夹具圆周排列应尽量紧凑,使铣刀的空行程时间缩短到最低程度;尺寸大的夹具,最好不要设计成整体的;夹紧的手柄应沿回转台四周分布;尽量减轻工人的劳动强度和保证其人身安全。

3. 靠模式铣床夹具

带有靠模装置的铣床夹具称为靠模铣床夹具。主要用于专用或通用铣床上加工直线成形表面或圆周成形表面,通过靠模使刀具或工件按靠模曲线轨迹运动,获得满足加工要求的仿形进给运动。按照机床进给运动的方式,此类夹具可分为直线进给靠模铣床夹具和圆周进给靠模铣床夹具。

如图 6-31（a）所示为直线进给式靠模铣床夹具示意图。工件 4 与靠模 2 均安装在夹具上，铣刀滑座 5 与滚子滑座 6 轴线之间保持距离 k 连成一个组合体。该组合体在重锤拉力或强力弹簧的作用下，使安装在滚子滑座上的滚子始终压紧在靠模上。当工作台做纵向直线进给运动时，使铣刀按靠模的曲线轨迹运动，从而加工出工件轮廓曲面。

如图 6-31（b）所示为安装在普通立式铣床上的圆周进给式靠模铣床夹具。工件 4 和靠模 2 安装在回转台 7 上的夹具中，回转台安装在工作台上，滚子 1 固定在床身立柱上，取下铣床滑鞍上的横向丝杠，用强力弹簧将工作台与床身立柱连在一起。回转台的旋转运动由工作台的纵向丝杠经挂轮由蜗杆蜗轮副传动，当回转台做圆周进给运动时，通过靠模、滚子与强力弹簧，使工件按与靠模的曲线相似的轨迹运动，从而加工出工件轮廓曲面。

图 6-30　连杆两端平面铣床夹具

图 6-31　靠模铣床夹具

(a) 直线进给式靠模铣床夹具；(b) 圆周进给式靠模铣床夹具

1—滚子；2—靠模；3—铣刀；4—工件；5—铣刀滑座；6—滚子滑座；7—回转台；8—回转台座

此类夹具加工工件的轮廓精度，很大程度上取决于靠模的轮廓精度，夹具结构复杂，靠模的加工难度大，随着数控技术的发展，靠模式夹具已基本上失去其作用。确有必要设计，可参阅《机床夹具设计手册》进行相关的设计，在此不再详细阐述。

二、铣床夹具的结构特点及其设计

1. 铣床夹具的结构特点

由于铣削加工的效率高，适应性较大，会经常遇到结构形状不规则或多件加工要求的情况，给工件的定位夹紧造成一定的难度，使得装卸工件费时费力。在夹具结构方面，要满足工件的装夹方便快捷，往往会采用快速夹紧、联动夹紧、机械传动装置和动力装置等，从而使夹具结构复杂，给加工、装配、调试带来难度，增加成本。因此，在设计铣床夹具时，其结构的复杂程度，应与生产规模和加工效率相适应；夹具的零部件要便于加工、装配和调试。

2. 设计要点

1）定位装置与夹紧装置设计

铣削加工的刀具一般为多齿刀具，其切削过程是断续的，一般铣削的切削用量较大，而且铣削力的大小和方向是不断变化的，导致铣削时容易产生振动，因此在设计铣床夹具时要特别注意工件在定位装置上的稳定性和夹紧机构的可靠性。

定位装置设计时，主要定位支承面要尽可能地大，作为导向定位的元件要尽可能地长（如果由两个支承钉构成，则尽可能相距较远），作为止推用的支承应设在与铣削力相对的工件的强度和刚性好的部位。

夹紧装置设计时，夹紧机构产生的夹紧力应足够，自锁性能要良好。根据夹紧力的方向和作用点的确定原则，合理确定其施力方向和施力点。如果安装刚性不足时，可以采用辅助支承、浮动支承或辅助夹紧机构来增加安装刚度。对于切削用量大的手动夹紧，应优先选用螺旋夹紧机构。

2）特殊元件设计

铣床夹具的特殊元件有定位键和对刀装置。

(1) 定位键。定位键是铣床夹具与铣床之间的连接元件，如图 6-27 中的元件 8。其在夹具体的安装底平面上加工的纵向槽中，用圆柱头螺钉固定，一般为两个。通过其与铣床工作台上定位用 T 形槽的配合，使夹具定位元件的工作表面与机床的运动方向有正确的位置关系。也可以通过定位键承受铣削力产生的部分扭矩，减轻夹紧夹具螺栓的载荷，增加夹具在加工过程中的稳定性。

常用的定位键其断面为矩形，已经标准化，其材料为 45 钢，热处理硬度为 40～45HRC，分 A 型和 B 型两种，可选 H7/h6 或 Js6/h6 的配合与夹具体的安装槽相配合，如图 6-32 所示。A 型定位键与夹具体和工作台 T 形槽的配合尺寸的基本尺寸均为 B，其定位精度不高。定位精度要求较高时一般选用 B 型定位键，其与工作台 T 形槽的配合尺寸 B_1 留有可按 T 形槽实际尺寸配作的修磨量 0.5 mm。

为了提高夹具在机床上的安装精度，定位键在夹具体上的距离应尽可能地远，在安装夹具时应使两定位键的同一侧面与 T 形槽的一侧面紧贴，同时将夹具紧固在工作台上，避免配合间隙影响夹具的安装精度。

定位精度要求高的夹具和大、重型夹具，不宜使用定位键，可以通过找正定位元件的工作表面或夹具上专门设置的找正基面，来确定夹具的正确安装位置，如图 6-33 所示。图 6-33 (a) 是用标准心轴直接找正 V 形块的中心线，使其与铣床的进给方向平行，图 6-33 (b) 是直接找正夹具体上的基准平面 A（它也是夹具的装配基准），使其与铣床的进给方向平行。

图 6-32 定位键（GB 2206—1991）

图 6-33 夹具找正安装
（a）找正定位元件工作表面；（b）找正夹具找正基面

（2）对刀装置。由对刀块和塞尺组成。通过其确定刀具与工件之间的正确位置。对刀块的结构形式与工件的加工表面有关。主要有圆形对刀块，用于加工平面的对刀；方形对刀块，用于组合刀具加工两相互垂直表面的对刀；直角与侧装对刀块，用于加工两相互垂直表面或铣槽时的对刀。它们的结构已经标准化，如图 6-34 所示。除圆形对刀块只用螺钉紧固在夹具体上外，其余的还需用两个销钉来确定其在夹具体上的位置。对刀块在夹具体上的位置应便于使用塞尺对刀和工件的装卸。

使用对刀装置对刀时，为了避免对刀时损害刀具和对刀块工作表面，在刀具与对刀块之间通过塞尺调整刀具的位置。常见的塞尺有平塞尺和圆柱塞尺，其结构已经标准化，如图 6-35 所示。在夹具装配图上应标注塞尺的厚度或直径。

对刀装置的应用及在夹具装配图上的尺寸标注如图 6-36 所示。图中 S 为平塞尺厚度，d 为圆塞尺直径。对刀块工作表面距水平方向定位基准之间的尺寸为 L；距垂直方向定位基准之间的尺寸为 H。

采用对刀装置对刀时，加工精度一般不超过 IT8 级。当对刀调整要求较高或不便设置对刀块时，可以采用试切法、标准件对刀法或用指示表校正定位元件相对于刀具的位置。

图 6-34 对刀块

(a) 圆形对刀块（GB/T 2240—1991）；(b) 方形对刀块（GB/T 2241—1991）
(c) 直角对刀块（GB/T 2242—1991）；(d) 侧装对刀块（GB/T 2243—1991）

3）夹具的总体设计及夹具体

铣床夹具的总体结构主要取决于定位、夹紧装置和其他元件的结构和布局情况，同时为了提高铣床夹具在加工过程中的稳定性和抗振性，在进行整体结构设计时，应尽量使各种装置布置紧凑；使工件的加工表面尽可能靠近工作台面，以降低夹具的重心，一般夹具体的高宽之比应限制在 $H/B \leq 1 \sim 1.25$ 的范围。

图 6-35 塞尺
(a) 平塞尺 (GB/T 2244—1991); (b) 圆柱塞尺 (GB/T 2245—1991)

图 6-36 对刀装置的应用及尺寸标注

夹具体应具有足够的强度和刚性，结合实际情况合理设置加强筋和耳座，常见的耳座结构如图 6-37 所示，尺寸见表 6-1，其结构已经标准化，设计时可查阅《机床夹具设计手册》。

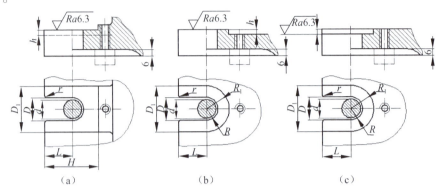

图 6-37　铣床夹具体耳座结构形式

当夹具体的宽度尺寸较大时，可在同一侧设计两个耳座，它们之间的距离应与铣床工作台的两 T 形槽的距离相同。粗加工的铣床夹具应有足够的排屑空间，并考虑切屑的流向，使切屑清理方便。对于重型铣床夹具，应在夹具体上设计吊环，方便吊装和搬运。

表 6-1　铣床夹具体耳座尺寸　　　　　　　　　　　　　　　　　　　　mm

螺栓直径	D	D_1	h 不小于	L	H	r
8	10	20	3	16	28	1.5
10	12	24		18	32	
12	14	30		20	36	
16	18	38	5	25	46	2
18	20	40		26	50	
20	22	44		28	54	
24	24	50		30	60	
30	36	62	6	38	76	3

6.3.3　任务实施

如图 6-25 所示车床顶尖套筒零件，工件的外圆及端面均已加工，本工序的加工要求铣削键槽 12F9（$^{+0.043}_{0}$ mm）和 R3 油槽，保证满足以下几项。

（1）键槽深度为 64.8h11（$^{0}_{-0.19}$ mm），轴向长度 60±0.4 mm，键槽中心平面与工件外圆轴心线的对称度为 0.1 mm，平行度为 0.08 mm。

（2）油槽半径为 3 mm，其圆心在外圆柱面上。油槽长度为 170 mm。

（3）油槽与键槽的对称中心平面在同一平面。

一、确定定位方案及定位装置设计

1. 确定定位方案

根据键槽的加工要求，需限制除绕轴心线旋转外的其余 5 个自由度。其平行度与对称度的工序基准均为外圆轴心线，轴向长度 60±0.4 mm 的工序基准为工件的右端面，根据基准重合原则,选择工件的轴心线作为主要定位基准,限制 4 个自由度,选择工件的右端面作为止推定位基准,限制轴向移动自由度。

根据油槽的加工要求,应限制工件的 6 个自由度。仍然选择工件的轴心线作为主要定位基准,限制 4 个自由度,选择工件的左端面作为止推定位基准,限制轴向移动自由度,保证油槽与键槽的对称中心平面在同一平面,采用键槽的中心平面作为定位基准,限制工件绕轴心线转动的自由度,实现完全定位。

2. 定位装置设计

工件的轴心线作为定位基准时,其定位基面为外圆柱表面,为了便于工件的装卸,选择定位元件为 90°V 形块,其开口尺寸和高度尺寸采用标准尺寸,根据公式 $H_{定} = H + 0.707d - 0.5N = 42 + 0.707 \times 70.8 - 0.5 \times 68 = 58.06$,取公差为 ±0.02,其余尺寸结合实际情况确定,其结构与尺寸如图 6-38 所示。由于工件的轴向尺寸较大,选择两短 V 形块组合的形式实现定位。左右端面作为定位基准时选择定位元件为支承钉,由于采用两把刀具同时加工,加工长度相差 112 mm,所以支承钉Ⅰ和支承钉Ⅱ的距离应是 112 mm。键槽的中心平面作为定位基准时选择 φ12h8 防转销 3 与键槽两侧面的配合,实现防转。定位元件的布置情况如图 6-39 所示。

图 6-38 V 形块及其定位高度

图 6-39 定位装置

1—支承钉Ⅰ;2—支承钉Ⅱ;3—防转销;4—V 形块Ⅰ;5—V 形块Ⅱ;6—V 形块Ⅲ;7—V 形块Ⅳ

二、对刀方式的选择

由于加工精度不高,选择对刀装置对刀,考虑夹具的结构紧凑,采用侧装对刀块,塞尺厚度为 5h6,如图 6-40 所示。考虑装夹工件的方便,将对刀装置安在夹具的右侧。

三、确定夹紧方案

由于同时夹紧两件,且工件的定位采用两短 V 形块组合的形式,根据夹紧力的着用点应对准支承的原则,结合操作方便和提高加工效率,采用联动夹紧机构和液压夹紧,如图 6-40 所示。

四、设计夹具体及夹具总体结构

如图 6-40 所示,由于夹具体的结构复杂,同时考虑夹具的强度、刚度和工艺性要求,采用铸造夹具体,应结合夹具体的设计要求进行合理设计。

为了保证夹具的各项精度,装配时必须保证总装图中所要求的尺寸精度和位置精度。

五、夹具误差分析

1. 对于尺寸 64.8 h11 ($_{-0.19}^{0}$) mm

(1) 定位误差 Δ_D。由于尺寸 64.8h11 mm 的工序基准是 ϕ70.8h6 ($_{-0.019}^{0}$) mm 的素线,定位基准是其中心线,所以 $\Delta_B = 0.019$ mm/2 = 0.009 5 mm,V 形块定位时,$\Delta_Y = (0.707 \times 0.019)$ mm = 0.013 4 mm,故

$$\Delta_D = \Delta_Y - \Delta_B = (0.0134 - 0.009\,5) \text{ mm} = 0.003\,9 \text{ mm} < 0.19/3 \text{ mm}$$

(2) 夹具的位置误差,如图 6-40 所示,由于 V 形块的中心高与尺寸 64.8h11 无关,故 $\Delta_A = 0$

(3) 对刀误差 Δ_T。对刀块垂直方向尺寸为 24.4 ± 0.015 mm,塞尺厚度尺寸为 5h6 ($_{-0.008}^{0}$) mm,所以 $\Delta_T = (0.03 + 0.008)$ mm = 0.038 mm。

(4) 加工方法误差 Δ_G。对于普通铣床,根据经验可设 $\Delta_G = 0.19$ mm × 1/3 = 0.063 mm。

按式(3-2)得

$$\sqrt{0.003\,9^2 + 0.038^2 + 0.063^2} \text{ mm} = 0.074 \text{ mm} < 0.19 \text{ mm}$$

满足加工要求。

2. 对于对称度误差 0.1 mm

(1) 定位误差 Δ_D。由于对称度的工序基准是 ϕ70.8h6 轴心线,定位基准也是此轴心线,所以 $\Delta_B = 0$;又由于 V 形块的对中性好,$\Delta_Y = 0$,故

$$\Delta_D = 0$$

(2) 夹具的安装误差 Δ_A。影响对称度的夹具安装误差有 V 形块中心轴线对定位键侧面 B 的平行度 0.015 mm(如图 6-40 所示),故 $\Delta_{A1} = 0.015$ mm;定位键的连接误差(是由定位键与 T 型槽的最大间隙引起的误差):由于(如图 6-40 所示)两定位键的距离是 400 mm,而键的长度是 282 mm,故

图6-40 车床尾座套筒键槽与油槽铣床夹具

1—夹具体；2—浮动杠杆；3—螺杆；4—承压钉；5—液压缸；6—对刀块；7—压板；8、9、10、11—V形块；12—防转销；13、14—止推销

$$\Delta_{A2} = \left(\frac{T_{键} + T_{槽}}{400}\right) \times 282 \text{ mm} = \left(\frac{0.027 + 0.027}{400}\right) \times 282 \text{ mm} = 0.038 \text{ mm},$$

故　　　　　　$\Delta_A = \Delta_{A1} + \Delta_{A2} = (0.015 + 0.038) \text{ mm} = 0.053 \text{ mm}$。

(3) 对刀误差 Δ_T。对刀块水平方向尺寸为 $11_{-0.013}^{-0.003}$ mm，塞尺厚度尺寸为 5h6 ($_{-0.008}^{0}$)，故
$$\Delta_T = (0.12 + 0.008) \text{ mm} = 0.020 \text{ mm}。$$

(4) 加工方法误差 Δ_G。对于普通铣床，根据经验可设 $\Delta_G = 0.1 \text{ mm} \times 1/3 = 0.033 \text{ mm}$。

按式 (3-2) 得 $\sqrt{0.053^2 + 0.02^2 + 0.033^2}$ mm $= 0.065\,6$ mm < 0.1 mm

满足加工要求。

六、夹具在机床上的安装、调试

夹具装配检验合格后，必须正确安装在机床上才能保证加工精度。如图 6-40 所示车床尾座套筒键槽与油槽铣床夹具，是通过夹具体下表面与工作台接触限制 3 个自由度，夹具体底面的定位键与机床 T 形槽配合限制两个自由度。然后通过放在 V 形块上的心棒检验、校正各精度，保证 V 形块的定位中心与机床的进给方向平行。如果安装时图 6-40 所示平行度 0.03 mm 超差，可通过修磨 V 形块上的淬硬垫块修正，直到达到要求。

6.4　钻床夹具

6.4.1　任务引入

如图 6-41 所示零件，除 φ14 孔外，其余部分都已加工好。在立式钻床上批量生产该零件，必须设计专用钻床夹具才能保证生产率和精度要求，下面学习钻床夹具的类型、结构、设计要点和设计方法。

图 6-41　摇臂零件简图

6.4.2　相关知识

钻床夹具，一般习惯上称为钻模。它是在钻床上进行孔的钻、扩、铰、锪、攻螺纹的机床夹具。钻床夹具主要在摇臂钻、立式钻床上使用。钻模加工时，借助于钻套确定刀具的位

置和引导刀具的进给方向,被加工孔的尺寸精度主要是由刀具本身的精度来保证,而孔的坐标位置精度,则由钻套在夹具上的位置精度来确定,并能防止刀具在加工过程中发生倾斜。

一、钻模的主要类型和结构

钻模的类型很多,常用的有固定式、回转式、移动式、滑柱式、盖板式、翻转式等类型。

1. 固定式钻模

工件在钻床上进行加工的整个过程中位置都不移动的钻床夹具称为固定式钻模,如图 6-42 所示。在阶梯轴工件的大端钻径向孔,工序图已确定了定位基准,钻模上采用 V 形块及其端面和限制角度自由度的手动拔销定位,限制 6 个自由度,用偏心压板夹紧。

图 6-42 固定式钻模

1—夹具体;2—V 形块;3—偏心压板;4—钻套;5—手动拔销

固定式钻模用于立式钻床时,一般只能加工单孔,用于摇臂钻床时,则常加工位于同一钻削方向上的平行孔系。加工直径大于 10 mm 的孔时,则需将钻模固定,以防止工件因受切削力矩而转动。此类夹具钻孔位置精度较高,但装卸麻烦,效率较低。

2. 回转式钻模

在钻削加工中,回转式钻模使用较多,它用于加工同一圆周上的平行孔系,或分布在圆周上的径向孔。图 6-43 所示为一套专用回转式钻模,用其加工工件上均布的径向孔。

工件以小端外圆和端面在回转分度盘 3 上定位,限制 5 个自由度。放上回转压板 6,用夹紧螺钉 4 夹紧。钻好一个孔后,松开锁紧螺母 17,通过滚花螺母 12 拔出对定销 16,转动回转分度盘 3 到下一个位置,插入对定销定位并锁紧。从而保证工件上的各孔之间的角度。

3. 移动式钻模

这类钻模用于钻削中、小型工件同一表面上的多个孔。图 6-44 所示为移动式钻模,用于加工连杆大、小头上的孔。工件以端面及大、小头圆弧面作为定位基面,在定位套 12、13、固定 V 形块 2 及活动 V 形块 7 上定位,限制 6 个自由度。先通过手轮 8 推动活动 V 形块 7 压紧工件,然后转动手轮 8 带动螺钉 11 转动,压迫钢球 10,使两片半月键 9 向外胀开而锁紧。V 形块带有斜面,使工件在夹紧分力的作用下与定位套贴紧;通过移动钻模,使钻头分别在两个钻套 4、5 中导入,从而保证工件上两个孔之间的距离。

图 6-43 回转式钻模

1—夹具体；2、7—钻套；3—回转分度盘；4—夹紧螺钉；5—手柄；6—回转压板；8—止动螺钉；
9—垫圈；10—螺钉；11—钻套；12—滚花螺母；13—小销；14—弹簧；15—套管；16—对定销；17—锁紧螺母

图 6-44 移动式钻模

1—夹具体；2—固定 V 形块；3—钻模板；4、5—钻套；6—支架
7—活动 V 形块；8—手轮；9—半月键；10—钢球；11—螺钉；12，13—定位套

4. 翻转式钻模

这类钻模主要用于加工中、小型工件分布在不同表面上的孔。图 6-45 所示，为加工套筒上 4 个径向孔的翻转式钻模。工件以内孔及端面在台肩销 1 上定位，限制 5 个自由度。用快换垫圈 2 和螺母 3 夹紧。钻完一组孔后，翻转 60°钻另一组孔。该夹具的结构比较简单，但每次钻孔都需找正钻套相对钻头的位置，所以辅助时间较长。因而翻转费力，所以夹具连同工件的总质量不能太重，其加工批量也不宜太大。

图 6-45 翻转式钻模

1—台肩销；2—快换垫圈；3—螺母

5. 盖板式钻模

这类钻模没有夹具体，钻模板上除钻套外，一般还装有定位元件和夹紧装置，只要将它覆盖在工件上即可进行加工。

如图 6-46 所示为加工车床溜板箱上多个小孔的盖板式钻模。在钻模盖板 1 上不仅装有钻套，还装有定位用的定位销 2、菱形销 3 和支承钉 4。因钻小孔，钻削力矩小，故没设置夹紧装置。盖板式钻模结构简单，一般多用于加工大型工件上钻小孔。因夹具在使用时经常搬动，故盖板式钻模所产生的重力不宜超过 100 N。为了减轻重量可在盖板上设置加强肋而减小其厚度、设置减轻窗孔或用铸铝件。

图 6-46 盖板式钻模

1—钻模盖板；2—定位销；3—菱形销；4—支承钉

6. 滑柱式钻模

这种钻模在生产中得到了广泛的应用，其结构已经通用化。若按其夹紧动力来分类，它有手动（如图 6-47 所示）和气动（如图 6-48 所示）两种。

图 6-47 所示钻模板 1 上除装钻套外，还装有可以在夹具体 4 的内孔上下移动的滑柱 8 及齿条滑柱 2，借助于齿条的上下移动，可对安装在底座平台上的工件进行夹紧或松开。图 6-47 所示右下角图示为手动升降的锁紧原理图。齿条滑柱 2 上的齿条与装于齿轮轴 5 的 45°螺旋齿轮相啮合。齿轮轴右端为具有自锁性能的双向圆锥体结构。移动手柄 6 抬起钻模板至一定高度后，钻模板受阻，传给齿条的轴向分力使齿轮轴右移，而双锥体的右锥面与套环 7 的内锥面接触而自锁。夹紧工件后，则传给齿轮轴的轴向分力将会使左锥与夹具体的内锥接触而自锁。

图 6-47 手动滑柱式钻模

1—钻模板；2—齿条滑柱；3—锁紧螺母；4—夹具体；5—螺旋齿轮轴；6—手柄；
7—套环；8—滑柱

如图 6-48 所示为气动滑柱式钻模。由于钻模板的上下移动是由双作用式活塞推动，所以它的结构简单，不需要机械锁紧，动作迅速，效率高。

图 6-48 气动滑柱式钻模

滑柱式钻模现已系列化、规格化，选用时可查阅有关手册。应用此类钻模时，只需在所定的钻模板上设计钻套位置和钻套结构；在夹具工作平台上设计工件定位装置的位置和定位元件的结构；然后再将二者进行装配，并注上有关技术要求即可。

二、钻模的设计要点

1. 钻模类型的选择

在设计钻模时，首先要根据工件的尺寸、形状、质量、加工要求和批量等选择夹具的结构类型。在选择时，应注意以下几点。

1) 被钻孔的直径大于 10 mm 或加工精度要求高时，应选用固定式钻模。

2) 翻转式钻模和移动式钻模适用于中小型工件上孔的加工。要求工件装入夹具后的总重量不宜超过 100 N。

3) 当加工多个不在同一个圆周上的平行孔系时，如果夹具和工件的总重量超过了 150 N，则宜采用固定式钻模在摇臂钻上加工；若生产批量大，则可在立式钻床或组合机床上采用多轴传动头进行加工。

4) 对于孔的垂直度和孔距精度要求不高的小型工件，宜采用滑柱式钻模，以缩短夹具的设计与制造周期。但对于垂直度公差小于 0.1 mm，孔距公差小于 ±0.15 mm 的工件，则不宜采用滑柱式钻模。

5) 钻模板和夹具体为焊接式的钻模，因焊接应力不能彻底消除，精度不能长期保持，故一般在工件孔距公差要求不高时才采用（大于 ±0.15 mm）。

2. 钻模板的结构和选择

用于安装钻套的钻模板，按其与夹具体连接的方式，分为固定式、铰链式、分离式和悬挂式等几种。

1) 固定式钻模板

这种钻模板如图 6-49 所示，其钻套多采用过盈配合固定在钻模板或夹具体上。由于采用固定式结构，有些工件可能会装卸不方便，因此钻模板可采用螺钉紧固，销钉定位的形式。

图 6-49 固定式钻模板
1—钻模板；2—钻套；

2) 铰链式钻模板

这种钻模板如图 6-50 所示，是用铰链装在夹具体上的。钻模板可以绕铰链轴翻转，以便于装卸工件。铰链轴销孔与轴销的配合一般为 H7/g6。由于铰链的结构存在间隙，所以它的加工精度不如固定式钻模板高，其结构比固定式钻模板要复杂一些。

3) 分离式钻模板

这种钻模板如图 6-51 所示，它与夹具体之间是分离的结构形式。工件在夹具中每装卸一次，钻模板也要装卸一次。使用这种钻模板，装卸工件既费时又费力，因此在其他钻模不便于装卸工件的场合才采用。

4) 悬挂式钻模板

如图 6-52 所示，钻模板是悬挂在机床主轴上，由机床主轴带动与工件靠紧或离开。它与夹具体的相对位置由滑柱来确定。因为钻模板 4 悬挂在滑柱 2 上，通过弹簧 5 和主轴箱主轴连接。这种钻模板多与组合机床的多轴头联用。

图 6-50 铰链式钻模板
1—钻模板；2—钻套；3—铰链

图 6-51 分离式钻模板
1—钻模板；2—钻套；
3—压板；4—工件

图 6-52 悬挂式钻模板
1—夹具体；2—滑柱；3—工件；
4—钻模板；5—弹簧；6—主轴箱

3. 钻套的设计与选择

钻套的主要作用是确定被加工孔的位置和引导刀具进行加工。

图 6-53 固定钻套
1—钻套；2—钻模板；3—工件

1）钻套的类型

按钻套的结构和使用情况，可分为固定钻套、可换钻套、快换钻套和特殊钻套 4 大类。

（1）固定钻套。如图 6-53 所示，它分为 A、B 型两种。钻套安装在钻模板中，其配合为 H7/n6 或 H7/r6。固定钻套结构简单，钻孔精度高，但磨损后不易更换，主要适用于单一钻孔工序和小批生产。为了防止切屑进入钻套孔内，钻套的上、下端应以稍高出钻模板为宜。

（2）可换钻套。如图 6-54 所示为可换钻套。当工件为单一钻孔工步的大批量生产时，为便于更换磨损的钻套，选用可换钻套。钻套与衬套之间采用 H7/g6 或 H6/g5 的配合，衬套与钻模板之间采用 H7/n6 的配合，当钻套磨损后，卸下螺钉，更换新的钻套。螺钉能防止加工时钻套转动或退刀时随刀具拔出。

（3）快换钻套。如图 6-55 所示，当工件需钻、扩、铰多工步加工时，为能快速更换不同孔径的钻套，应选用快换钻套。快换钻套的有关配合与可换钻套相同。更换钻套时，将钻套削边转至螺钉处，即可取出钻套。削边的方向应考虑刀具的旋向，以免钻套随刀具自行拔出。

以上 3 类钻套已标准化，其结构参数、材料、热处理方法等，可查阅有关手册。

（4）特殊钻套。由于工件形状或被加工孔位置的特殊性，需要设计特殊结构的钻套。如图 6-56 所示是几种特殊钻套的结构。

如图 6-56（a）所示为加长钻套，在加工凹面上的孔时使用。为了减少刀具与钻套的摩擦，可将钻套引导高度 H 以上的孔径放大。如图 6-56（b）所示为斜面钻套，用于在斜面或圆弧面上钻孔，排屑空间的高度 $h < 0.5$ mm，可增加钻头刚度，避免钻头引偏或折断。如图 6-56（c）所示为小孔距钻套。如图 6-56（d）所示为兼有定位与夹紧功能的钻套。

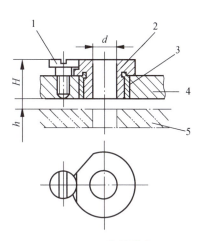

图 6-54 可换钻套
1—螺钉；2—钻套；3—衬套；4—钻模板；5—工件

图 6-55 快换钻套
1—螺钉；2—钻套；3—衬套；4—钻模板；5—工件

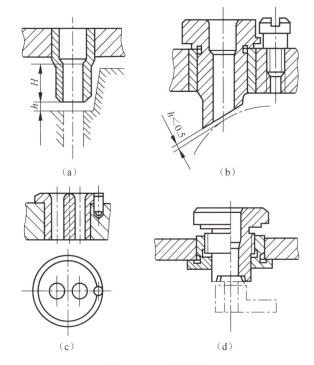

图 6-56 特殊钻套

(a) 加长钻套；(b) 斜面钻套；(c) 小孔距钻套；(d) 可定位、夹紧钻套

2) 钻套的尺寸、公差和材料

(1) 一般钻套导向孔的基本尺寸取刀具的最大极限尺寸，采用基轴制间隙配合。钻孔时其公差用 F7 或 F8，粗铰孔时公差取 G7，精铰孔时公差取 G6。

(2) 钻套的导向高度（如图 6-56 所示）H 增大，则导向性能好，刀具刚度高，加工精度高，但钻套与刀具的磨损加剧。一般取 $H=1\sim2.5d$（其中，d 为钻套孔径），对于加工精度要求较高的孔，或被加工孔较小其钻头刚度较差时，应取较大值，反之应取较小值。

(3) 排屑空间（如图 6-56 所示）h 指钻套底部与工件表面之间的空间。增大 h 值，排屑方便，但刀具的刚度和孔的加工精度都会降低。钻削易排屑的铸铁时，一般取 $h = (0.3 \sim 0.7) d$；钻削较难排屑的钢件时，一般取 $h = (0.7 \sim 1.5) d$。工件精度要求高时，可取 $h = 0$，使切屑全部从钻套中排出。

在加工过程中，钻套与刀具产生摩擦，故钻套必须有较高的耐磨性。当钻套孔径 $d \leqslant 26$ mm 时，用 T10A 钢制造，热处理硬度为 58~64HRC；当 $d > 26$ mm 时，用 20 钢制造，渗碳深度为 0.8~1.2 mm，热处理硬度为 58~64HRC。

4. 支脚的设计

为了减少夹具体与机床工作台的接触面积，使夹具能平稳地放置，翻转式钻模和移动式钻模一般都在钻头进给方向相对应的夹具体上设置支脚，其结构形式如图 6-57 所示。支脚可以是装配式或与夹具体做成一体的整体式，但应注意以下几点。

1）支脚为 4 个，要在同一平面上，若其一脚下垫有切屑时，稍摇晃钻模即可发现，这样可及时避免折断钻头或出现废品的可能。

2）矩形截面支脚的宽度或圆形截面支脚的直径需大于工作台上 T 形槽的宽度，以免支脚陷入槽内。

3）夹具的重心和轴向钻削力均须在 4 个支脚所围的面积内。

4）钻套轴线与支脚所形成的平面应垂直。如图 6-45 所示翻转式钻模，钻套轴线需与相关支脚形成的平面相垂直，以使钻孔能正常顺利地进行。它能防止折断钻头，保证被加工孔的位置精度。

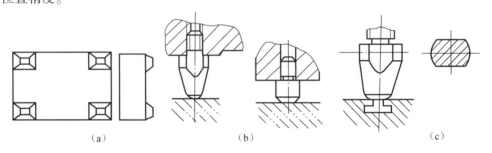

图 6-57 支脚结构

(a) 矩形截面支脚；(b) 圆形截面支脚；(c) 支脚下端面最小尺寸与 T 形槽的关系

5. 钻床夹具的误差分析

用钻模加工时，被加工孔的位置精度主要受定位误差 Δ_D 和导向误差 Δ_T 的影响。

钻模上的导向装置对定位元件的位置不准确，将导致刀具位置发生变化。由此而造成的加工尺寸误差即为导向误差 Δ_T。采用如图 6-58 所示的导向装置时，导引孔的轴线位置误差受下列因素的影响：

δ_i——钻模板底孔与定位元件之间的尺寸公差；

e_1——快换钻套内、外圆的同轴度公差；

e_2——衬套内、外圆的同轴度公差；

x_1——快换钻套和衬套的最大配合间隙。

刀具引导部位的直径误差，也使刀具偏离规定的位置。因此，应一并考虑其对加工尺寸的影响，即

图 6-58 与导向装置有关的加工误差

x_2——刀具（引导部位）与钻套的最大配合间隙；
x_3——刀具在钻套中的偏斜量，其值为

$$x_3 = \frac{x_2}{H}\left(B + h + \frac{H}{2}\right)$$

式中 B、h、H 代表的意义如图 6-58 所示。

在加工短孔时，x_3 按刀具平移计算。

因各项误差不可能同时出现最大值，故对于这些随机性变量按概率法合成为

$$\Delta_T = \sqrt{\delta_i^2 + e_1^2 + e_2^2 + x_1^2 + (2x_3)^2}$$

6.4.3 任务实施

如图 6-41 所示摇臂，本工序的加工内容和要求如下。

（1）在立式钻床上钻 $\phi14$ mm 孔，保证其轴心线与孔 $\phi31H7$ 轴心线的距离为 $20.25_{-0.3}^{0}$ mm；

（2）保证 $\phi14$ mm 孔轴心线与孔 $\phi31H7$ 孔轴心线的垂直度为 0.20 mm；

（3）保证 $\phi14$ mm 孔轴心线与 A 面的距离为 13 ± 0.1 mm。

一、确定定位方案及定位装置设计

1. 确定定位方案

根据加工要求，该零件除了可以不限制沿 $\phi14$ mm 孔轴线方向的自由度之外，其余 5 个自由度必须要限制才能满足加工要求。

方案一：如图 6-59（a）所示，根据基准重合原则，长圆柱销 1 与工件 $\phi31H7$ 孔接触定位，限制 4 个自由度；工件 A 面与长圆柱销 1 小端面接触，限制 1 个自由度；支承钉 2 与

工件小头外圆侧面接触，限制 1 个自由度。

方案二：如图 6-59（b）工件 A 面与短圆柱销 4 大端面接触，限制 3 个自由度；工件 φ31H7 孔与短圆柱销 4 接触，限制 2 个自由度；φ20H7 孔的中心线用菱形销 3 定位，限制 1 个自由度。

方案三：如图 6-59（c）综合以上两个方案，长圆柱销 1 与工件 φ31H7 孔接触定位，限制 4 个自由度；工件 A 面与长圆柱销 1 小端面接触，限制 1 个自由度；φ20H7 孔的中心线用菱形销 3 定位，限制 1 个自由度。

对比分析以上 3 个方案，由于小头外圆非加工面，铸件的误差大，用支承钉在其侧面定位时，不能保证 φ14 mm 轴心线与孔 φ20H7 保持位置关系。所以方案一不合理；用方案二基准不重合，不利于保证加工孔与 φ31H7 孔轴心线的垂直度；方案三综合了前两个方案的优点，便于保证各尺寸和位置误差。

图 6-59 定位方案
（a）方案一；（b）方案二；（c）方案三
1—长圆柱销；2—支承钉；3—菱形销；4—短圆柱销

2. 定位装置设计

采用如图 6-59（c）所示带台阶的长圆柱销，限制 5 个自由度（小端面限制 1 个自由度，长销限制 4 个自由度），用菱形销限制一个自由度。

二、确定导向方案

因为该夹具只钻削 φ14 mm 一个孔，采用固定式钻套精度高。由于工件小，装夹方便，钻模板 2 为固定式结构，如图 6-60 所示。刀具选用 φ14F8 麻花钻。

图 6-60 导向装置

1—长圆柱销；2—钻模板；3—菱形销；4—钻套

三、确定夹紧方案

夹紧装置如图 6-61 所示，用螺旋夹紧机构，结构简单、装夹方便。夹紧螺钉 2 从长定位销 1 中心的孔中穿过，用尾部的夹紧螺母 5 夹紧工件。夹紧螺钉头的尺寸小于 φ31 mm，只要松开夹紧螺母 5 取下开口垫圈 3 就可以顺利安装工件。

图 6-61 夹紧装置

1—长定位销；2—夹紧螺钉；3—开口垫圈；4—手柄；5—夹紧螺母

四、夹具结构和尺寸标注

如图 6-62 所示为摇臂零件的钻模，转动手柄 1 松开压紧螺母 4，转下开口垫圈 8 并装入工件，使其在有台阶的圆柱定位销 6 和菱形销 2 上定位，转上开口垫圈 8 并夹紧工件。

由于夹具体结构较复杂，用铸件比较合理。

为了保证夹具的各项精度，装配时必须保证总装图中所要求的尺寸精度和位置精度。

五、误差分析

1. 尺寸 $20.15_{-0.30}^{0}$ mm

（1）定位误差 Δ_D。由于尺寸 $20.15_{-0.30}^{0}$ mm 的工序基准是 $\phi31H7$（$\phi31_{0}^{+0.025}$ mm）孔的中心线，定位基准也是其中心线，基准重合，所以 $\Delta_B = 0$；又由于定位销的尺寸是 $\phi31h6$（$\phi31_{-0.016}^{0}$ mm），工件定位孔的尺寸是故 $\phi31H7$（$\phi31_{0}^{+0.025}$ mm），故

图 6-62 摇臂钻床夹具

1—手柄；2—菱形销；3—钻套；4—压紧螺母；5—钻模板；6—圆柱定位销；
7—压紧螺钉；8—开口垫圈；9—夹具体

$$\Delta_D = \Delta_Y = (0.025 + 0.016)\,\text{mm} = 0.041\,\text{mm}$$

（2）夹具的位置误差 Δ_A。如图 6-62 所示，夹具装配时的技术要求为 20.15 ± 0.02 mm，故

$$\Delta_A = 0.04\,\text{mm}$$

（3）导向误差 Δ_T。由于钻套的尺寸为：$\phi14F8$（$\phi14_{0}^{+0.027}$ mm），由有关资料查得麻花钻的尺寸为 $\phi14_{-0.022}^{0}$ mm（磨损量 0.006 mm），故

$$\Delta_T = \frac{0.027\,\text{mm} + 0.028\,\text{mm}}{20\,\text{mm}} \times \left(\frac{20}{2} + 3 + 30\right)\,\text{mm} = 0.118\,\text{mm}$$

（尺寸 20，3，30 分别是钻套长度、排屑空间、孔深）

（4）加工方法误差 Δ_G。由于使用钻套导向，与机床精度关系不大，可设 $\Delta_G=0$。

按式（3-3）得

$$\sqrt{0.041^2 + 0.04^2 + 0.118^2} \text{ mm} = 0.131 \text{ mm} < 0.30 \text{ mm}$$

满足加工要求。

2. 尺寸 13±0.15 mm

（1）定位误差 Δ_D。由于基准重合又是平面定位，所以 $\Delta_B=0$，$\Delta_Y=0$，故

$$\Delta_D = 0$$

（2）夹具的位置误差。如图 6-62 所示，夹具装配时的技术要求为 13±0.02 mm，故

$$\Delta_A = 0.04 \text{ mm}$$

（3）导向误差 Δ_T。也是由于钻套 $\phi14^{+0.027}_{0}$ mm 与麻花钻 $\phi14^{0}_{-0.022}$ mm（磨损量 0.006 mm）的影响，故

$$\Delta_T = \frac{0.027 + 0.028}{20} \times \left(\frac{20}{2} + 3 + 30\right) \text{ mm} = 0.118 \text{ mm}$$

（4）加工方法误差 Δ_G。由于使用钻套导向，与机床精度关系不大，可设 $\Delta_G=0$。

按式（3-2）得

$$\sqrt{0.04^2 + 0.118^2} \text{ mm} = 0.125 \text{ mm} < 0.30 \text{ mm}$$

满足加工要求。

3. 与 $\phi31H7$ 孔轴心线的垂直度 0.20 mm

（1）定位误差 Δ_D。由于基准重合，所以 $\Delta_B=0$，

又由于定位孔的尺寸是 $\phi31H7$（$\phi31^{+0.025}_{0}$ mm），定位销的尺寸是 $\phi31h6$（$\phi31^{0}_{-0.016}$ mm），故

$$\Delta_D = \Delta_Y = (0.025 + 0.016) \text{ mm} = 0.041 \text{ mm}$$

（2）夹具的位置误差。如图 6-61 所示，定位销和钻套与 A 面的平行度都为 0.015 mm，故

$$\Delta_A = (0.015 + 0.015) \text{ mm} = 0.03 \text{ mm}$$

（3）导向误差 Δ_T。由于钻套 $\phi14^{+0.027}_{0}$ mm 与麻花钻 $\phi14^{0}_{-0.022}$ mm（磨损量 0.006 mm）的影响，故

$$\Delta_T = 2 \times \frac{0.027 + 0.028}{20} \times 30 \text{ mm} = 0.165 \text{ mm}$$

（4）加工方法误差 Δ_G。由于使用钻套导向，与机床精度关系不大，可设 $\Delta_G=0$。

按式（3-2）得

$$\sqrt{0.041^2 + 0.03^2 + 0.165^2} \text{ mm} = 0.173 \text{ mm} < 0.20 \text{ mm}$$

满足加工要求。

六、夹具在机床上的安装、调试

夹具装配检验合格后，必须正确安装在机床上才能保证加工精度。如图 6-62 所示摇臂

钻床夹具,与机床的连接是通过夹具体9下表面与机床工作台接触限制3个自由度定位的。另外几个自由度的限制在夹具安装时通过调整实现的。将夹具放于工作台上,把安装在主轴上的麻花钻插入钻套3的孔中,使机床主轴的中心与钻套的中心自动对正,然后用压板压紧。

6.5 镗床夹具

6.5.1 任务引入

如图6-63所示的支架壳体工件上两平行孔系的加工,大批量生产时采用镗床夹具,以保证其加工技术要求及生产效率。下面学习镗床夹具的类型、结构和设计要点。

图6-63 支架壳体

6.5.2 相关知识

一、镗床夹具的主要类型

用于镗床上装夹工件并保证工件的尺寸精度及形位公差要求的工艺装备称为镗床夹具,又称镗模。与钻模的结构类似,其导向元件是镗套,用以引导刀具或镗杆进行镗孔,镗模一般用于普通镗床和组合机床上,也可用于其他通用机床上扩大其工艺范围。

镗模主要用于加工箱体、支座等工件上尺寸较大、精度要求较高的孔或孔系。

根据镗模中同一轴线上安装导向元件的镗模支架的数量,可以将镗模分为双支承引导、单支承引导和无支承镗模。

1. 双支承引导镗模

指采用两个镗模支架引导镗杆的镗模,为了避免机床主轴回转精度对加工精度的影响,机床主轴与镗杆之间采用浮动连接,被加工孔的位置精度主要取决于导向元件的位置精度,因此该类镗模在装配时必须使两镗模支架中的镗套的轴线达到满足加工要求的同轴度。根据镗模支架布置的位置可分为双支承前后引导和双支承后引导镗模。

1)双支承前后引导镗模

指分别在刀具的前后两个位置各设置了一个镗模支架的镗模。如图 6-64 所示车床尾座孔镗模,镗杆 12 通过浮动接头 13 与机床主轴连接。工件以底面在支承板 3、4 的顶面上定位限制 3 个自由度,以底面上槽的垂直面在支承板 3 的垂直的窄长导向平面上定位限制两个自由度,以侧面在可调支承钉 7 上定位限制 1 个自由度,实现完全定位。采用联动夹紧机构夹紧工件,夹紧时旋转夹紧螺钉 6,压板 5 转动的同时杠杆 8 转动带动连杆 9 移动,使压板 10 转动将工件推向支承板 3 的导向定位面,当压板 5 和 10 同时与工件接触后,再旋转夹紧螺钉 6,将工件压紧夹牢在定位元件上。松夹时,在弹簧力的作用下使压板 10 离开工件和杠杆 8 复位,便于工件的装卸。以夹具体的底面安装在机床的工作台上,通过夹具体上的找正基面找正镗套轴线与工作台纵向运动之间的位置关系,使夹具在机床上占据正确的位置。

图 6-64 镗削车床尾座孔镗模

1—镗模支架;2—回转式镗套;3、4—支承板;5、10—压板;6—夹紧螺钉;7—可调支承钉;
8—杠杆;9—连杆;11—夹具体;12—镗杆;13—浮动接头

前后支承镗模常用于镗孔直径较大、长径比(被加工孔的长度与直径之比)$L/D > 1.5$ 的通孔或同一轴线上的一组通孔(孔系)的加工,加工精度较高,目前应用最普遍,但装卸刀具与工件较费时费力。用此种方式加工同一轴线的孔系,在设计时应注意以下几点。

(1)如同一轴线上的孔数较多或前后孔距较大,使前后支架的距离 $L > 10d$ 时,为了避免镗杆（直径为 d）弯曲变形影响加工精度，应在前后支架之间增设一个中间导向支承。

（2）当采用几把单刀加工同一轴线上相同孔径的几个孔时，应设计让刀装置，使刀具依次通过工件的待加工孔。一般通过将工件抬起一个高度的方法实现。工件抬起的最小高度 h_{min} 按图 6-65 确定为

$$h_{min} = Z + \Delta_1$$

式中　Z——孔的单边加工余量（mm）；
　　　Δ_1——刀尖通过毛坯孔所需的最小间隙（mm）。

此时允许的镗杆最大直径为：

$$d_{max} = D - 2(h_{min} + \Delta_2)$$

式中　D——毛坯的孔的直径；
　　　Δ_2——镗杆通过毛坯孔所需的最小间隙（mm）。

图 6-65　确定镗杆最大直径

精镗孔时，也应设计让刀机构，加工结束后，使工件抬起一定高度，让刀具通过，以免刀尖退出划伤已加工表面。

2）双支承后引导镗模

在刀具后面一侧设置两个镗模支架的镗模，如图 6-66 所示。此种方法既便于装卸刀具与工件，也便于观察加工过程和检测工件。由于镗杆为悬伸状态，为了确保镗杆刚性，镗杆的悬伸量 $L_1 < 5d$，为保证导向精度，导向长度 $L_2 \geq (1.5 \sim 5)L_1$。用于箱体零件的一个壁上的孔或盲孔的镗削。

图 6-66　双支承后引导

2. 单支承引导镗模

只布置一个位于刀具前方或后方的镗模支架引导镗杆的镗模。镗杆与主轴刚性连接，镗杆的一端直接插入机床主轴的莫氏锥孔中，并通过调整使镗套轴线与主轴线重合。调整比较

图 6-67 单支承前引导

费时，且机床主轴的回转精度会影响镗孔的精度。根据镗模支架布置的位置可以将其分为单支承前引导与单支承后引导镗模。

1) 单支承前引导镗模

镗模支架布置在刀具的前方的镗模，如图 6-67 所示。适用于加工 $D > 60$ mm，$L < D$ 的通孔。镗杆的导向部分的直径 d 小于被加工孔的直径 D，在多工步加工时，不必更换镗套。便于观察加工过程和测量工件，更换刀杆比较费时，在立镗时，切屑易落入镗套中，应设防屑结构。

2) 单支承后引导镗模

镗模支架布置在刀具的后方的镗模，如图 6-68 所示。在立镗时，切屑不会落入镗套中，影响镗套的精度。

当镗削 $D < 60$ mm，$L < D$ 的通孔或加工盲孔时，如图 6-68（a）所示，镗孔行程短，镗杆导向部分的直径 d 可大于所加工孔的直径 D。镗杆刚性好，加工精度高。多工步加工时，也可以不更换镗套。

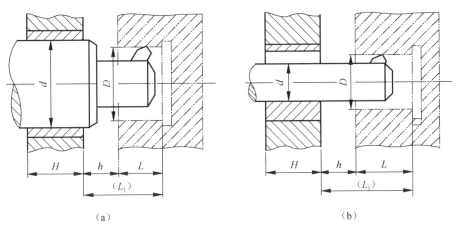

图 6-68 单支承后引导

当加工 $L > (1 \sim 1.25) D$ 孔时，如图 6-68（b）所示，镗杆导向部分的直径 $d < D$。使镗杆导向部分能进入孔内，缩短距离 h，减小镗杆的悬伸量，以免镗杆因刚性不足而变形或产生振动影响加工精度。

h 为镗套端面与工件之间的距离，其值应结合装拆刀具、装卸和测量工件、排屑是否方便及镗杆的刚性等因素确定。前引导时，一般取 $h = (0.5 \sim 1) D$，但 h 不应小于 20 mm；后引导时，在卧式镗床上镗孔时，$h = 60 \sim 100$ mm，在立式镗床上镗孔时，$h = 20 \sim 40$ mm。

当工件的刚性好，或采用高精度的镗床、坐标镗床、数控铣床、加工中心进行镗孔加工时，被加工孔的尺寸和位置精度均由机床保证。此时夹具只需设计定位、夹紧装置和夹具体，不设计镗模支架。

二、镗床夹具的设计要点

在设计镗模时，除要根据加工要求合理设计定位、夹紧装置外，还应结合工件的结构特点选择镗模类型，解决镗套、镗杆与浮动接头以及镗模支架与夹具体的设计等相关问题。

1. 镗套的选择与设计

镗杆的回转中心的位置是通过镗模支架上的镗套来确定的，镗套的结构形式和精度将直接影响工件的加工精度和表面质量。因此应根据工件的加工要求与结构特点合理选择与设计镗套。

1）镗套的类型和结构

常用的镗套有固定式和回转式镗套。

（1）固定式镗套，指在镗孔的过程中不随镗杆一起转动的镗套，如图6-69所示。其结构形状与钻模中的可换或快换钻套相似，但结构尺寸较钻模大，已经标准化，可查阅《机床夹具设计手册》。有A、B两种类型，A型不带油杯和油槽，B型带油杯和油槽，使镗杆和镗套之间能充分润滑，其最高加工速度可比A型高。

图6-69 固定式镗套（GB/T 2266—1991）

固定式镗套结构简单，外形尺寸比回转式镗套小，镗套中心位置精度高，在扩孔与镗孔时运用广泛。镗杆既转动又沿镗套轴线轴向移动，镗套易磨损，严重时会出现镗杆与镗套"咬死"现象，故适于低速镗孔，一般摩擦面的线速度$v<0.3$ m/s。

（2）回转式镗套，指在镗孔的过程中随镗杆一起转动的镗套，镗杆在镗套内只有相对移动而无相对转动，因而镗套与镗杆之间的磨损较小。按使用轴承的类型分为滑动式和滚动式镗套。

① 滑动式回转镗套。如图6-70（a）所示，镗套与镗模支架之间安装了滑动轴承，镗套孔中设有键槽，镗杆与镗套之间通过键连接带动镗套转动。其径向尺寸较小，适应孔距较小的孔系的加工，回转精度高，抗振性好，承载能力强，但轴承间隙调整困难，不易长期保持精度，且需要充分的润滑，通常在镗模支架与镗套上开出油孔与油槽，摩擦面的线速度 v 为 $0.3\sim 0.4$ m/s。一般用于结构受到限制，转速不高的半精加工。

② 滚动式回转镗套。如图6-70（b）、图6-70（c）所示，镗套与镗模支架之间安装了滚动轴承，其线速度 $v>0.4$ m/s。但径向尺寸大，回转精度受轴承精度的影响。常用滚针轴承以减小径向尺寸，用高精度的轴承以提高回转精度。图6-70（c）为立式镗套，加工时易受切屑和切削液的影响，在结构上需设防护装置，以免镗杆加速磨损。

图6-70　回转式镗套

（a）滑动式回转镗套；（b）滚动式回转镗套；（c）立式滚动式回转镗套
1—镗模支架；2—滑动轴承；3—镗套；4—轴承盖；5—滚动轴承；6—螺母；7—防尘盖

当镗孔直径大于镗套孔径时，镗套上必须开有引刀槽，使镗刀顺利通过镗套。镗杆与镗套之间应设置导向键，以保证镗刀与引刀槽间的正确位置关系。如图6-71所示，镗套上装有尖头传动键，配合带螺旋导向结构的镗杆使用，保证引刀槽与镗刀对准。

图6-71　引刀槽与尖头键

1—尖头键；2—引刀槽

如图6-72所示为带弹簧钩头键的滚式镗套。轴承盖4上开有端面键槽，钩头键3在弹簧 2 的作用下与端面键槽配合，使镗套 1 固定某一固定方位。当镗杆进入镗套内，镗杆上键槽的底面压下钩头键 3 使其与端面键槽脱开，镗套 1 便可随镗杆一起转动。当镗杆退出镗套后，钩头键 3 在弹簧力的作用下又重新进入端面键槽中，使镗套 1 定位。这种镗套适用于机床主轴有定向停止装置的场合，镗杆进入镗套时，保证镗刀与引刀槽的正确位置关系；镗杆退出时，保证钩头键 3 与轴承盖端面键槽的正确位置关系。

图 6-72　带弹簧钩头键的滚动式镗套
1—镗套；2—弹簧；3—钩头键；4—轴承盖

2）镗套的尺寸

镗套的内径 d 由镗杆的导向部分直径确定。

导向长度 H 有以下几种确定方法。

（1）双支承后引导，如图 6-66 所示，导向长度 $L_2 >$（1.5~5）L，$H =$（1~2）d。

（2）双支承前后引导。

固定式镗套　$H =$（1.5~2）d；

滑动式镗套　$H =$（1.5~3）d；

滚动式镗套　$H = 0.75d$。

（3）单支承引导。$H =$（1.5~3）d，当加工精度与孔距精度要求较高时，$H > 2.5d$。

2. 镗套的材料与主要技术要求

当需采用非标准镗套时，其结构、材料、公差配合、表面粗糙度及热处理要求可参考标准镗套确定，结构尺寸结合实际情况确定。衬套也是如此。

（1）镗套的材料。一般为 20 钢或 20Cr，其渗碳深度为 0.8~1.2 mm，淬火热处理硬度为 58~62 HRC，但一般应低于镗杆硬度。高速镗孔时，采用磷青铜，其减摩性好且不易与镗杆咬住，成本较高。大直径镗套与单件小批量生产时，可采用 HT200。当镗套的耐磨要求较高时，选用粉末冶金。

（2）镗套的主要技术要求。镗套的主要技术要求见表 6-2。

表 6-2 镗套与衬套的主要技术要求

公差项目	镗套			衬套		
	粗加工	精加工		粗加工	精加工	
外径	g6	g5			n6	
内径	H7	H6		H7	H6	
内外圆同轴度	φ0.01	外径＜85 mm	外径≥85 mm	φ0.01	外径＜52 mm	外径≥52 mm
		φ0.05	φ0.01		φ0.005	φ0.01

镗套内孔的表面粗糙度为 $Ra0.8\ \mu m$ 或 $Ra0.4\ \mu m$，外径的表面粗糙度为 $Ra0.8\ \mu m$。

3. 镗杆与浮动接头

镗杆与浮动接头是镗床夹具的辅助工具，镗杆的结构与镗模设计有直接关系。

1）镗杆的结构

（1）固定式镗套用镗杆。当镗杆导向部分的直径 $d<50$ mm 时，镗杆采用整体式结构。如图 6-73（a）所示的镗杆强度和刚性较好，开有油沟，镗杆与镗套的接触面积大，润滑不充分，会加剧磨损，如切屑进入导向部分，则容易产生"卡死"现象。如图 6-73（b）、图 6-73（c）所示的镗杆刚性较差，开有较深直槽和螺旋槽，大大减少了镗杆与镗套的接触面积，沟槽具有一定的容屑能力，可减少"卡死"现象的发生。如图 6-73（d）所示为带镶条的镗杆，其摩擦面积小，容屑量大，不易"卡死"，常用于直径 $d>50$ mm 的场合。镶条应采用摩擦系数小和耐磨的材料，如铜。镶条磨损后，可在镶条与镗杆之间加垫片，修磨后可重新使用。

如图 6-73（e）所示的镗杆可相对导向导套转动，导套在镗套内做轴向移动，结构尺寸很大，切削速度与回转式镗套一致，导向套的尺寸比加工的孔径大，刀具可顺利通过镗套，镗套无须开引刀槽。

图 6-73 固定式镗套用镗杆

（2）回转镗套用镗杆。如图 6-74（a）所示的镗杆前端设有平键，键下装有压缩弹簧，键的前部有斜面，适用于开有键槽的镗套。无论镗杆以何位置进入镗套，平键均能自动进入键槽，带动镗套回转。如图 6-74（b）所示镗杆上开有键槽，其前端为螺旋式引导结构，螺旋角一般小于 45°，镗杆可使键顺利地进入键槽内。适用于带有键的镗套。

图 6-74 回转镗套用镗杆

2）镗杆尺寸

镗杆应具有良好的刚性，以保证镗孔的精度，镗孔时应有足够的容屑空间。镗杆直径一般为

$$d = (0.6 \sim 0.8)D$$

式中 d——镗杆直径（mm）；

D——被镗孔直径（mm）。

镗孔直径 D、镗杆直径 d 与镗刀截面 $B \times B$ 之间的关系一般可按下面的公式计算。

$$\frac{D-d}{2} = (1 \sim 1.5)B$$

镗杆直径 d、镗刀截面 $B \times B$ 也可参考表 6-3 选取。

表 6-3 镗杆直径 d、镗刀截面 $B \times B$ 与被镗孔直径 D 的关系　　mm

D	30~40	40~50	50~70	70~90	90~110
d	20~30	30~40	40~50	50~65	65~90
$B \times B$	8×8	10×10	12×12	16×16	16×16, 20×20

表 6-3 中所列镗杆直径的范围，一般取中间值，加工小孔时取大值。在加工大孔时，若导向良好，切削负荷小则可取小值，反之取大值。

镗杆的长度，应根据镗孔系统图进行计算。镗孔系统图应在编制工艺规程时绘出。

当镗杆上要安装几把镗刀，应将刀具对称安装，使径向切削力平衡，可以减少镗杆的变形。当同一镗模上同时使用几根镗杆时，镗刀的安装方向应尽可能错开。

3）镗杆的材料及主要技术要求

（1）镗杆的材料。镗杆应具有足够的刚性和耐磨性，因此镗杆应表面硬度高而内部有较好的韧性。一般采用热处理变形小的 20 钢、20Cr 钢，渗碳厚度为 0.8~1.2 mm，淬火硬度为 61~63 HRC；也可用 38CrMoAlA，但热处理工艺复杂；大直径的镗杆，还可采用 45 钢、40Cr 钢或 65Mn 钢。

(2) 镗杆的技术要求。镗杆的主要技术要求如下。

① 导向部分的直径公差带为：粗镗 g6，精镗 g5。表面粗糙度为 $Ra0.04 \sim 0.4$ μm。

② 导向部分直径的圆度与锥度控制在直径公差的 1/2 以内。在 500 mm 长度内的直线度公差为 0.01 mm。

③ 装刀孔对镗杆中心的对称度为 $0.01 \sim 0.1$ mm；垂直度为 $(0.01 \sim 0.02)/100$ mm。刀孔表面粗糙度一般为 $Ra1.6$ μm，装刀孔不淬火。

在实际生产过程中，镗套、镗杆与衬套之间的间隙，一般采用配作的方式。

4）浮动接头

浮动接头用于双支承镗模镗孔时，使镗杆与机床主轴实现浮动连接。常用的浮动接头结构如图 6-75 所示，通过镗杆 1 上的拨动销 2 插入接头体 4 的槽中，接头体 4 的锥柄安装在主轴锥孔中。主轴的旋转运动可通过接头体 4、拨动销 2 传递给镗杆 1，从而使镗杆 1 随主轴一起转动。镗杆与接头体之间有浮动间隙，因而主轴的回转精度不会影响镗杆的回转精度。

图 6-75 浮动接头

1—镗杆；2—拨动销；3—外套；4—接头体

4. 镗模支架与夹具体

镗模支架用于安装镗套，要具有足够的刚度和强度，以及尺寸稳定性，应有足够大的安装基面和设置必要的加强肋，其典型结构和相关尺寸见表 6-4。

表 6-4 镗模支架的典型结构和尺寸   mm

形式	B	L	H、S_1、S_2	l	a	b	c	d	e	h	k
Ⅰ	$\left(\dfrac{1}{2} \sim \dfrac{3}{5}\right)H$	$\left(\dfrac{1}{3} \sim \dfrac{1}{2}\right)H$	按工件相应尺寸取	按镗套相应尺寸取	10~20	15~25	30~40	3~5	20~30	20~30	3~5
Ⅱ	$\left(\dfrac{2}{3} \sim 1\right)H$	$\left(\dfrac{1}{2} \sim \dfrac{2}{3}\right)H$									

注：表中的数据适用于铸铁，如采用铸钢，壁厚可以减薄。

镗模支架上不允许安装夹紧机构，避免夹紧反作用力使镗模支架变形，影响镗孔精度，如图 6-76（a）所示的结构是错误的，夹紧工件时反作用力会使支架变形，如图 6-76（b）所示的结构是合理的。

镗模支架一般应与夹具体分开制造，便于加工和热处理，但对装配要求比较高，支架与夹具体的连接要牢固可靠，位置正确，一般用内六角螺钉压紧，两圆柱销定位。

图 6-76 夹紧机构与镗模支架之间的关系
（a）错误；（b）合理
1—夹紧螺杆；2—镗模支架；3—工件

在镗模中夹具体一般称为底座，其上安装各种装置、元件和工件，并承受切削力和夹紧力，因此也应有足够的强度和刚度，并能保持尺寸精度的稳定性。应选取适当的壁厚，合理地设置加强肋，常采用十字形肋条。底座的典型结构和尺寸见表 6-5。

底座上安装定位元件、夹紧装置、镗模支架和其他装置等的位置处应铸出工艺凸台平面，经过刮研，使有关元件安装时与接触面紧贴，凸台表面应与安装基面平行或垂直。

表 6-5 镗模底座的典型结构与尺寸

L	B	H	A	a	b	c	d	e	h	l
按工件尺寸取		$\left(\dfrac{1}{6} \sim \dfrac{1}{8}\right)$	$(1 \sim 1.5)H$	$10 \sim 20$	按T形槽尺寸取	$5 \sim 8$	$10 \sim 20$	$3 \sim 5$	$20 \sim 30$	按T形槽中心距取

镗模的加工精度较高,为了保证镗模在机床上的正确位置,一般采用找正安装,通常在底座侧面加工出窄长的找正基面,该基面也可用于找正定位元件与导向元件的正确位置,镗套中心线与找正基面的平行度或垂直度应在300:0.01之内。

镗模结构尺寸一般较大,镗模上应设置适当数目的耳座,使镗模在机床上牢固安装,大型、重型镗模还应设置手柄或起重吊环,以便搬运。

镗模与支架的材料一般为HT200,为了使支架和底座的尺寸持久稳定,其毛坯一般应进行时效处理,精度要求高时应在粗加工后安排二次时效处理。

6.5.3 任务实施

如图6-63所示支架壳体,在前面的工序中已将支架壳体底座的底面和侧面精加工,本工序加工 $2\times\phi20H7$ 和 $2\times\phi25H7$ 共4个孔,其加工要求如下。

(1) 两 $2\times\phi25H7$ 孔和两 $2\times\phi20H7$ 孔的同轴度公差分别为 $\phi0.01$ mm;
(2) $2\times\phi20H7$ 孔轴线对 $2\times\phi25H7$ 孔公共轴线的平行度公差为 0.02 mm;
(3) 两平行孔系之间的距离为 $82_{\ 0}^{+0.2}$ mm;
(4) $\phi20H7$ 孔轴线距支架壳体底座底平面的距离为 12 ± 0.1 mm。

一、确定定位方案及定位装置设计

1. 确定定位方案

根据本工序的加工要求,需限制沿加工孔轴心线移动自由度外的其余5个自由度。

方案一:根据基准重合原则,选用底座底平面限制3个自由度,采用其侧平面作为导向定位基准限制2个自由度,为了便于保证工件与镗套之间的距离,采用其一侧端面作为止推定位基准限制1个自由度,实现完全定位。

方案二:主要定位基准与方案一相同,由底座上的两安装孔作为定位基准限制其余3个自由度,此时应提高两安装孔的加工精度,如果底座上没有孔则应加工出两个定位用的工艺孔。

2. 定位装置设计

定位装置设计如图6-77所示。

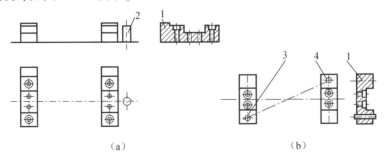

图6-77 定位装置设计
(a)方案一;(b)方案二
1—支承板;2—挡销;3—圆柱销;4—菱形销

方案一：采用两块带垂直导向面的支承板 1 和一挡销 2 定位。
方案二：采用两块支承板 1、一圆柱销 3 和一菱形销 2 定位。

方案一的制造难度较大，夹具装配方便，方案二加工方便，但工件装夹不方便。该工件较重，选择方案一。

二、导向方式的选择

据工艺文件知其切削速度 $v<0.3$ m/s，加工 $2\times\phi 25H7$ 两孔时，选用固定镗套，由于两孔相距较远，采用双支承前后引导。$2\times\phi 20H7$ 孔的加工方案为钻、扩、铰，因此采用快换钻套。

三、确定夹紧方案

根据夹紧力应指向主要定位表面的原则，确定夹紧方案，如图 6-78 所示。

图 6-78 夹紧机构
(a) 方案一；(b) 方案二

方案一：夹 $2\times\phi 25H7$ 孔外圆柱面。
方案二：用 4 块移动式压板分别压在底座的两侧。

方案一的夹紧机构尺寸大，易使加工后孔变形，影响加工精度。方案二的工件不易变形，装卸工件耗时较长，操作方便，如不能保证加工效率，可采用联动夹紧机构。选用方案二。

四、设计夹具体及夹具总体结构

如图 6-79 所示，夹具体的结构复杂，采用铸造夹具体，同时考虑夹具的强度、刚度和工艺性要求，底座下部采用多条十字加强肋，底座上加工出找正基面，便于镗模在镗床上安装，底座上还设计了 4 个手柄，方便搬运和起吊镗模。夹具的尺寸按夹具总装配图上应标注的 5 大类尺寸进行标注。

五、夹具误差分析

1. 尺寸 12 ± 0.1 mm

（1）定位误差 Δ_D。由于基准重合又是平面定位，所以 $\Delta_B=0$、$\Delta_Y=0$，故

图 6-79 支架壳体镗模

1—底座；2、6—镗模支架；3—支承板；4—压板；5—挡销；7—快换钻套；8—镗套

$$\Delta_D = 0$$

（2）夹具位置误差 Δ_A。尺寸 12 ± 0.1 mm 有关的夹具安装尺寸是 12 ± 0.03 mm，故

$$\Delta_A = 0.06 \text{ mm}$$

（3）导向误差 Δ_T。铰孔时，钻套的尺寸 $\phi 20G6$（$\phi 20^{+0.02}_{+0.007}$ mm），由有关手册查得铰刀的尺寸为 $\phi 20^{+0.017}_{+0.008}$ mm，磨损量为 0.006 mm。钻套与刀具的最大配合间隙为 $X_{2max} = 0.018$ mm。因此

$$\Delta_T = 2 \times \frac{0.018 \text{ mm}}{30 \text{ mm}} \times \left(\frac{30}{2} + 30 + 15\right) \text{mm} = 0.036 \text{ mm}$$

（30、30、15 分别是钻套长度、孔深和排削空间）

（4）加工方法误差 Δ_G。由于使用镗套导向，机床精度和刀具刚度对加工精度影响较小，可设 $\Delta_G = 0$。

按式（3-3）得

$$\sqrt{0.06^2 + 0.036^2} \text{ mm} = 0.070 \text{ mm} < 0.20 \text{ mm}$$

满足加工要求。

2. $\phi 35H7$ 和 $\phi 40H7$ 同轴度误差 $\phi 0.01$ mm

（1）定位误差 Δ_D。两孔同轴度由镗套保证，与定位方式无关，故

$$\Delta_D = 0$$

（2）夹具位置误差 Δ_A。由图 6-78 技术要求得两镗套的同轴度是 0.005 mm，故

$$\Delta_A = 0.005 \text{ mm}$$

(3) 导向误差 Δ_T。镗杆与镗套配作，保证最大配合间隙为 0.01 mm，根据工件结构尺寸，确定两镗套间最大距离为 400 mm，被加工两孔之间的最大距离为 165 mm。

$$\Delta_T = 165 \text{ mm} \times \frac{0.01 \text{ mm}}{400 \text{ mm}} = 0.0033 \text{ mm}$$

(4) 加工方法误差 Δ_G。由于使用镗套导向，机床精度对加工精度影响较小，可设 $\Delta_G = 0$。

按式（3-3）得

$$\sqrt{0.005^2 + 0.0033^2} \text{ mm} = 0.0060 \text{ mm} < 0.01 \text{ mm}$$

满足加工要求。

由于采用双支承镗套导向，镗杆刚性好，使加工方法误差大大减小，能满足加工要求。同理，可验算两 $\phi20H7$ 孔的同轴度 0.01 mm（略）。

3. $2 \times \phi20H7$ 孔轴线对 $\phi35H7$ 和 $\phi40H7$ 孔公共轴线的平行度 0.02 mm

(1) 定位误差 Δ_D。两组孔的平行度由镗套与钻套保证，与定位方式无关，故

$$\Delta_D = 0$$

(2) 夹具位置误差 Δ_A。因两组孔镗套的安装平行度误差是 0.01 mm，故

$$\Delta_A = 0.01 \text{ mm}$$

(3) 导向误差 Δ_T。由于 $2 \times \phi20H7$ 两孔是在同一位置铰孔，所以 $\Delta_{T_1} = 0$；由前面的计算可知，$\phi35H7$ 和 $\phi40H7$ 孔公共轴线的导向误差是 $\Delta_{T_2} = 0.0033$ mm，故

$$\Delta_T = 0.0033 \text{ mm}$$

(4) 加工方法误差 Δ_G。由于使用镗套导向，机床精度对加工精度影响较小，可设 $\Delta_G = 0$。

按式（3-3）得

$$\sqrt{0.01^2 + 0.0033^2} \text{ mm} = 0.0105 \text{ mm} < 0.02 \text{ mm}$$

该夹具能够满足加工要求。

六、夹具的安装调试

如图 6-78 所示镗床夹具，与机床的连接是通过底座 1 下表面与机床工作台接触限制 3 个自由度定位。另外两个自由度的限制是在夹具安装时通过调整实现的。将夹具放于工作台上，把安装在主轴上的镗杆插入镗套 8 的孔中，校正使机床主轴的中心与钻套的中心自动对正，然后用压板压紧。

≫ 企业专家点评

第二重型机械集团公司黄亮高级工程师：从夹具设计的要求、步骤、工艺性到专用机床车、铣、钻、镗床夹具的设计，内容和形式都与工厂实际紧密联系。车、铣、钻、镗床夹具的设计要点部分重点突出，理论联系实际，学生容易接受；实例分析部分从定位、夹紧方案设计、夹具误差分析到夹具在机床上的安装、调试，充分体现了工厂夹具设计的全过程。

习题与训练

6-1　夹具设计有哪些要求？

6-2　试述夹具设计的步骤。

6-3　夹具总图上应标注哪些尺寸和位置公差？

6-4　举例说明如何用调整法和修配法来保证夹具精度。

6-5　夹具的结构、测量工艺性有哪些？

6-6　车床夹具有哪几种类型？

6-7　车床夹具与车床主轴的连接方式有哪几种？各有何特点？

6-8　试述角铁式车床夹具的结构特点。

6-9　试述圆盘式车床夹具的结构特点。

6-10　车床夹具的设计要点。

6-11　铣床夹具有哪几种类型？

6-12　铣床夹具的特殊元件有哪些？各有何作用？

6-13　试述铣床夹具的设计要点。

6-14　如图 6-80 所示，标注相关的对刀尺寸。

图 6-80　题 6-14 图

6-15　试述钻模的类型、特点、应用场合。

6-16　钻套分哪几种？各用在什么场合？

6-17　钻模板有哪几种类型？各有何特点？

6-18　用钻模装夹，在一批铸铁工件上加工 $\phi 12H8$ mm 孔。先用 $\phi 11.8$ mm 麻花钻钻孔，再用 $\phi 12H8$ mm 高速钢机用铰刀铰孔达到要求。试确定各快换钻套导引孔直径的基本尺寸和极限偏差。

6-19　如图 6-81 所示零件，按成批生产和图示要求，设计铣 28H11 槽、钻 $\phi 6$ mm 孔、钻铰 $\phi 10H7$ 孔的夹具各一套。

6-20　镗床夹具有几种类型？各有什么特点？用于什么场合？

6-21　镗床夹具的特殊元件是什么？有几种类型？如何合理选用？

图 6-81 题 6-19 图

6-22 用双镗套导引镗杆的镗模工作时,机床主轴的工作精度是否影响加工精度?镗杆与机床主轴应如何连接?

教 学 单 元 7

现代机床夹具

学习要求与重点

通过本教学单元的学习，了解组合夹具、成组夹具、通用可调夹具、拼拆式夹具、自动线夹具和数控机床夹具的结构和应用。

7.1 任务引入

现代生产要求企业所制造的产品品种经常更新换代，以适应市场激烈的竞争。特别是近年来，数控机床（NC）、柔性制造系统（FMS）、成组技术（GT）、加工中心（MC）等新技术的应用，对机床夹具提出了新的要求。

例如，现在有图 7 – 1 所示这组工艺相似的轴，可以用科学的方法把它们从诸多零件中找出来，然后用一副夹具完成这一组零件的加工。

图 7 – 1 工艺相似的轴

7.2 相关知识

现代制造技术的飞速发展，对机床夹具提出了如下新的要求。
(1) 能迅速方便地适应新产品的投产，以缩短生产准备周期，降低生产成本。
(2) 能装夹一组具有相似性特征的工件。
(3) 适用于精密加工的高精度机床夹具。
(4) 适用于各种现代化制造技术的新型机床夹具。
因此现代机床夹具的发展方向主要表现为精密化、高效化、柔性化、标准化 4 个方面。
1) 精密化
随着机械产品加工精度日益提高和高精度机床的大量涌现，促进了高精度机床夹具的发展。如车床上精密卡盘的圆跳动在 $\phi 0.005 \sim 0.01$ mm；采用高精度的球头顶尖加工轴，圆跳

动可小于 φ1 μm；高精度端齿分度盘的分度精度可达 ±0.1″；孔系组合夹具基础板上孔距误差可达几个微米。

2）高效化

高效化夹具主要用来减少工件加工的基本时间和辅助时间，以提高劳动生产率，减轻工人的劳动强度。常见的高效化夹具有：自动化夹具、高速化夹具、具有夹紧动力装置的夹具等。例如，为实现机械加工过程的自动化，在生产流水线、自动线上配置随行夹具；在数控机床、加工中心等柔性制造系统中也需配置高效自动化夹具，这类夹具常装有自动上、下料机构及独立的自动夹紧单元，大大提高了工件装夹效率。

3）柔性化

机床夹具的柔性化与机床的柔性化相似，它是指机床夹具通过调整、组合等方式，以适应工艺可变因素的能力。工艺的可变因素主要有：工序特征、生产批量、工件的形状和尺寸等。具有柔性化特征的新型夹具种类主要有：组合夹具、通用可调夹具、成组夹具、数控夹具等。在较长时间内，夹具的柔性化将是夹具发展的主要方向。

4）标准化

夹具的标准化，一是零、部件的标准化，以便在各类夹具上通用；二是各种夹具结构形式的标准化。目前我国已有夹具零件和部件的国家标准以及通用夹具标准、组合夹具标准等。作为发展方向，专用夹具的标准化、系列化和通用化工作是进一步将夹具的零部件、组件做成独立的单元，以简化夹具的设计和制造工作，并便于组织专业化工厂生产。将夹具的单件生产转变为专业化的批量生产，可大大缩短产品的生产周期和降低成本，使之适应现代制造业的需要，也有利于实现机床夹具的计算机辅助设计。

7.2.1 组合夹具

组合夹具是一种标准化、系列化、通用化程度很高的工艺装备，从 20 世纪 40 年代开始，在世界上一些工业国家中采用并迅速得到了发展。我国从 20 世纪 50 年代开始使用，目前已形成了一套完整的组合夹具体系，它对保证产品质量、提高劳动生产率、降低成本、缩短生产周期等都起着重要的作用。

一、组合夹具的工作原理及特点

组合夹具是由一套预先制好的各种不同形状、不同规格、不同尺寸，具有完全互换性、高耐磨性、高精度的标准元件及组合件，按照不同工件的工艺要求，组装成加工所需的夹具。使用完毕后，可方便地拆散，清洗后将其存放，待再次组装时重复使用。如图 7-2 为盘类零件钻径向分度孔组合夹具的立体图及其分解图，其定位、夹紧装置和夹具体是由标准元件组合而成。

组合夹具将专用夹具以设计→制造→使用→报废的单向过程改变为组装→使用→拆散→再组装→使用→再拆散的循环过程。经生产实践表明，与一次性使用的专用夹具相比，由于它是以组装代替设计和制造，故具有下列特点。

（1）灵活多变，为零件的加工迅速提供夹具，使生产准备周期大为缩短。通常一套中等复杂程度的专用夹具，从设计到制造需几个月，而组装一套同等复杂程度的组合夹具只需几个小时。

图 7-2 盘类零件钻径向分度孔组合夹具

1—基础件；2—支承板；3—定位件；4—导向件；5—夹紧件；6—紧固件；7—其他件；8—合件

（2）节约大量设计、制造工时及金属材料消耗。这是由于组合夹具把专用夹具从单向过程改变为循环过程所致。

（3）减少夹具库存面积，改善管理工作。

（4）组合夹具的不足之处为，与专用夹具相比，一般显得体积较大、重量较重、刚性也稍差些。此外，为了适应组装各种不同性质和结构类型的夹具，须有大量元件的储备。

由以上特点可知，组合夹具适合于品种多、数量少、加工对象经常变换的情况，因此在模具制造中得到广泛应用，能为车、铣、刨、磨、钻、镗、插、电火花、装配、检验等工序提供各种类型的夹具。

组合夹具的元件精度高、耐磨，并且实现了完全互换，元件精度一般为 IT7～IT6。用组合夹具加工的工件，一般能稳定在 IT8～IT7 级精度，经过精确调整可达 IT7 级精度。

二、组合夹具系统、系列及元件

1. 组合夹具系统

组合夹具按组装对元件间连接基面的形状，可分为槽系和孔系两大系统。

槽系组合夹具以槽和键相配合的方式来实现元件间的定位。因元件的位置可沿槽的纵向任意调节，故组装十分灵活，适用范围广，是最早发展起来的组合夹具系统。

孔系组合夹具主要元件表面为圆柱孔和螺纹孔组成的坐标孔系，通过定位销和螺栓来实现元件之间的组装和紧固。孔组合夹具具有元件刚性好、定位精度和可靠性高、工艺性好等特点，其特点适用于数控机床。因而自 20 世纪 60 年代以来，随 NC、MC 的发展，孔系组合夹具得到较快发展。

2. 组合夹具系列

为了适应不同产品加工零件尺寸大小的需要，组合夹具按其尺寸大小又分为大、中、小型 3 个系列。槽系各系列主要参数及适用范围如表 7－1 所示。

表 7－1 槽系组合夹具系列及适用范围　　　　　　　　　　　　mm

系列名称	槽口宽度	连接螺栓	可加工的最大工件轮廓尺寸
大型组合夹具元件	16	M16	2 500 × 2 500 × 1 000
中型组合夹具元件	12	M12	1 500 × 1 000 × 500
小型组合夹具元件	8.6	M8，M6	500 × 250 × 250

3. 组合夹具元件组成

组合夹具的元件，按使用性能分为 8 大类。

（1）基础件。它是组合夹具中最大的元件，包括各种规格尺寸的方形、矩形、圆形基础板和基础角铁等。基础件通常作为组合夹具的基体，通过它将其他各种元件或合件组装成一套完整的夹具，如图 7－3 所示为其中的几种结构。如图 7－2 所示的基础件 1 为矩形基础板做的夹具体。

图 7－3　基础件

（2）支承件。支承件是组合夹具的骨架元件。支承件通常在组合夹具中起承上启下的作用，即把上面的其他元件通过支承件与其下面的基础件连成一体，一般各种夹具结构中都少不了它。支承件有时可作定位元件使用，当组装小夹具时，也可作为基础件。图 7－4 为其中的几种结构。图 7－2 中的支承板 2 连接钻模板与基础板，保证钻模板的位置和高度。

图 7－4　支承件

（3）定位元件。定位件主要用于工件的正确定位，也用于保证夹具中各元件的使用精度及其强度和刚度。图 7-5 为其中的几种结构。图 7-2 中的定位件 3 为定位盘，用作工件的定位；钻模板与支承板 2 之间的平键、合件 8 与基础板 1 之间的 T 形键，均用作元件之间的定位。

图 7-5　定位件

（4）导向件。导向件主要用来确定刀具与工件的相对位置，加工时起引导刀具的作用。有的导向件可作定位用，也可作为组合夹具系统中移动件的导向。图 7-6 为其中的几种结构。图 7-2 中的导向件 4 为快换钻套。

图 7-6　导向件

（5）夹紧件。夹紧件主要用来将工件夹紧在夹具上，保证工件定位后的正确位置，也可作垫板和挡块用。图 7-7 为其中的几种结构。图 7-2 中的夹紧件 5 为 U 形压板。

（6）紧固件。紧固件主要用来连接组合夹具中各种元件及紧固工件。由于紧固件在一定程度上影响整个夹具的刚性，因此均采用细牙螺纹，这样可使元件的连接强度好，紧固可靠。同时所选用材料、精度、表面粗糙度及热处理均高于一般标准紧固件。图 7-8 为其中的几种结构。图 7-2 中的紧固件 6 为关节螺栓，用来紧固工件，且各元件之间均用紧固件紧固。

图 7-7　夹紧件　　　　图 7-8　紧固件

（7）其他件。除了上述6类元件以外的各种用途的单一元件称为其他件。其他件中有的有明显的作用，有的常无固定的用途，但如用得合适，则能在组装中起到极为有利的辅助作用。图7－9为其他元件。

（8）合件。合件是由若干零件装配而成，并在组装过程中不拆散使用的独立部件。按其用途可分为定位合件、导向合件、分度合件以及必需的专用工具等。图7－10为分度合件。

图7－9　其他元件　　　　图7－10　分度合件

一个工厂所拥有的元件总数及各类元件的比例，主要根据各单位的生产规模、产品品种的多少、批量的大小等因素决定。对于新建立的组装站，建议开始按小于10 000件配套，并且要在组装实践中积累经验，由少到多，有针对性地逐步增加。

7.2.2　成组夹具

成组夹具加工的零件都应符合成组工艺的三相似原则，即工艺相似（加工工序及定位基准相似）、工艺特征相似（加工表面与定位基准的位置关系相似）、尺寸相似（组内零件都在同一尺寸范围之内）。通过工艺分析，把形状相似、尺寸相近的零件进行分组，编制成组工艺，然后把定位、夹紧和加工方法相同或相似的零件集中起来考虑夹具的设计方案。成组夹具的结构设计是否紧凑，操作是否方便，调整是否合理都与分类归组及成组工艺有密切的关系。

成组夹具与专用夹具在设计方法上相似，首先确定一个"合成零件"，该零件能代表组内零件的主要特征，然后针对"合成零件"设计夹具，并根据组内零件的加工范围，设计可调整件和可更换件。

如图7－11所示是用于加工如图7－1几种柄形零件的钻孔夹具，工件在可换盘2中定位，考虑其形状与工艺基本相似，所选定的基准也相同，就归为同一组。当加工同组内的不同零件时，只需更换可换盘2和钻模板组件3即可加工组内不同的零件。压板4为可调整件，可根据加工对象具体施加夹紧力的位置进行调整。

如图7－12所示为按成组工艺要求划分的一组套筒零件，

图7－11　成组可调钻模
1—夹具体；2—可换盘；
3—钻模板组件；4—压板

其结构综合可得到一个典型合成零件。按此合成零件可设计出如图 7-13 所示的套筒钻孔成组夹具。工件以端面在定位支承 1 上定位，旋转手轮 3 推动定位夹紧件 2 将工件定心并夹紧。工序尺寸 L 采用分离结构来进行调节，钻孔直径可通过可换钻套的更换，以引导相应的钻头来保证。

图 7-12　套筒零件组

图 7-13　套筒零件组钻模
1—定位支承；2—定位夹紧件；3—手轮

7.2.3　通用可调夹具

通用可调夹具是在通用夹具的基础上发展起来的一种可调夹具，是通过调整或更换个别定位元件或夹紧元件，便可以加工相似形状的一组零件或加工某一零件的一道工序，从而变成加工该组零件和某一零件工序的专用夹具。

通用可调夹具由两部分组成，一部分是夹具体、夹紧用的动力传动装置和操纵机构等，它们做成万能的部件，对所有加工对象是不变的。另一部分是夹具的可调部分，当加工不同零件时，其定位元件和某些夹紧元件则需要调整和更换，使这些定位元件或夹紧元件与零件的外形相适应。

如图 7-14 所示为一通用可调的液压虎钳，它的钳口部分是可以更换的，加工不同形状的零件时，只需更换与零件外形相适应的钳口即可。

通用可调夹具有卡盘、花盘、台虎钳、钻模等结构形式。此类夹具中的可调件适用的零件或工序越多，即重复利用的机会越多，该夹具就越经济。

可调夹具分为通用可调夹具和成组夹具（也称专用可调夹具）两种。它们的共同特点是：只要更换或调整个别定位、夹紧或导向元件，即可用于多种零件的加工，从而使多种零件的单件小批量生产变为一组零件在同一夹具上的"成批生产"。可调夹具可大大减少专用夹具数量，节省设计与制造夹具的时间，减少金属消耗，缩短生产准备周期，降低生产成本，加快产品生产，而且也是促进并实现机床夹具"标准化、系列化、通用化"有效途径之一。

通用可调夹具与成组夹具按照可更换调整部分的工作方式有以下3种形式。

（1）更换式：直接更换定位和夹紧元件，适用范围广，加工零件相差较大也可适应，工作可靠方便，但会增大可换元件的数量。

图 7 - 14　通用可调的液压虎钳

1—传动装置；2—夹具体；
3—钳口；4—操纵阀

（2）调整式：根据加工零件的要求，只对定位元件、夹紧机构做适当的调整，这种方式夹具的组成元件少，制造成本低，但调整费时，影响夹具精度。

（3）更换调整式：更换调整式由上述两种综合得到，生产中用得较多，一般定位元件或导向元件为更换式，辅助定位元件、夹紧元件采用调整式，加工精度由更换件本身的精度来保证，尽量减少与基本部分组装所产生的误差。

如图 7 - 15 所示为三爪定心夹紧可调分度钻模。这是一种综合的可调夹具，用以加工盘、套类零件沿圆周分布的孔，工件以内孔或外圆在三爪卡盘中定心并夹紧，三爪卡盘4可适应工件定位直径尺寸的变化；移动钻模板2的位置可满足加工孔分布的圆周尺寸；借助于分度主轴5和可换分度盘6可实现不同等分孔的分度，以对定销7对定；更换垫块1可以调整钻模板的高度；更换快换钻套3可适应不同的孔径要求。

图 7 - 15　三爪定心夹紧可调分度钻模

1—垫块；2—钻模板；3—快换钻套；
4—三爪卡盘；5—分度主轴；6—可换分度盘；7—对定销

7.2.4　拼拆式夹具

拼拆式夹具是将标准化的、可互换的零部件装在基础件上或直接装在机床工作台上，并利用调整件装配而成。调整件有标准的或专用的，它是根据被加工零件的结构设计的。当某种零件加工完毕，即把夹具拆开，将这些标准零部件放入仓库中，以便重复用于装配成加工另一零件的夹具。这种夹具是通过调整其活动部分和更换定位元件的方式重新调整的。

图 7 - 16 所示便是一种拼拆式专用夹具，由于采用的元件（包括夹具体）全部是标准

元件，由专业制造厂提供，因而夹具设计工作只需要简单地表示出各元件的相互装配位置。拼拆式夹具的零部件的结构特点是能多次使用，零部件有很高的通用性，当需要重新装配加工某种零件时，调整工作简单。

7.2.5 自动线夹具

自动线是由多台自动化单机，借助工件自动传输系统、自动线夹具、控制系统等组成的一种加工系统。常见的自动线夹具有固定夹具和随行夹具。

图 7-16 拼拆式专用夹具

1—压紧螺钉；2—菱形块；3—铰链压板；4—U 形夹具体；5—支脚；6，7—定位销；8—浮动压块

一、固定夹具

固定夹具即夹具固定在机床某一部位上，不随工件的输送而移动。这类夹具主要用于箱体类形状比较规则，且具有良好定位基面和输送基面的工件。按其用途不同又可分为两类：一种是直接用于装夹工件的固定夹具；另一种是用于装夹随行夹具的固定夹具，即将工件和随机夹具作为一个整体在其上定位和夹紧。二者虽然直接装夹的对象不同，但具有相同的结构特点。

二、随行夹具

随行夹具即除了完成对工件的定位和夹紧外，还带着工件沿自动线运送，以便通过自动线各台机床，完成工件所规定的加工工艺。这类夹具主要用于形状不太规则，且又无良好的定位基面和输送基面，或虽有良好的输送基面，但材质较软的工件。

如图 7-17 所示为随行夹具在自动线机床的固定夹具上的工作简图。随行夹具 1 由步进

图 7-17 随行夹具在自动线机床的固定夹具上的工作简图

1—随行夹具；2—钩形压板；3—伸缩式定位销；4—输送支承；5—支承板；
6—液压缸；7—浮动杠杆；8—气动润滑油泵；9—合件

式输送带依次运送到各机床的固定夹具上,通过一面两销实现完全定位。图中件 5 为定位支承板,件 3 为液压操纵的伸缩式定位销。液压缸 6 通过浮动杠杆 7 带动 4 个钩形压板 2 进行夹紧。图 7-17 中件 4 为输送支承,件 8 为气动润滑油泵。

这类夹具在结构设计上应注意:在沿工件输送的方向上,其结构应是敞开的,其定位夹紧机构的动作应全部自动化并与自动线的其他动作连锁,以保证各动作过程的可靠性及安全性,同时应采取必要的防屑、排屑措施和提供良好的润滑条件,保证各运动部件动作灵活,准确可靠。

7.2.6 数控机床夹具

一、工件编程零点的确定

1. 数控的基准点

图 7-18 基准点

(a) 立式加工中心基准点;(b) 数控车床的基准点
1—网格孔系平台;2,3—定位元件;
4—工件;5—夹紧装置;6—车床主轴;
7—主轴凸缘;8—定心锥;9—卡盘

数控机床需确立坐标系统,以便于零件的编程。数控机床工作区应确定下列基准点:机床零点、工件零点、定位点、夹具零点、参考点,如图 7-18 所示。

(1) 机床零点。机床零点是机床坐标系的坐标原点,机床零点由机床制造厂设定。

(2) 工件零点。工件零点是工件坐标系的坐标原点,它由编程员选定。

(3) 定位点。其是夹具定位元件的定位点,当工件的定位基准与工序基准重合时,定位点即为工件零点。

(4) 夹具零点。夹具零点是夹具坐标系的原点,由夹具设计人员设计在夹具的适当位置上。

(5) 参考点。参考点是刀具在机床工作区的一点,它与机床的相对位置必须知晓。它是编程确定刀具运动的起刀点。

(6) 刀具基点。用以确定刀具在机床上的位置。

2. 工件编程零点的确定

通常将编程零点确定在工件上(零点偏置),亦将坐标零点从机床零点 M 偏置到工件零点 W 上,如图 7-19(a)所示。零点偏置符合编程方便的原则。编程时,必须先确定工件的编程零点并进行工件零点的偏置。

以数控铣床为例,其定位点设置有 4 种情况,如图 7-19(b)所示,编程的 x、y 值符号根据笛卡儿坐标确定为:第一象限 $+x+y$;第二象限 $-x+y$;第三象限 $-x-y$;第四象

限 $+x-y$。当工件以精基准定位时,应使工件零点 W 与定位点 A 重合。工件零点偏置可按要求,输入机床的偏置寄存器中。在夹具上应设立编程零点。

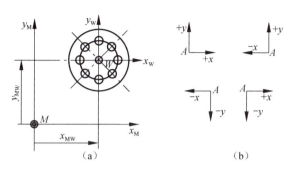

图 7-19　工件编程零点
(a) 工件坐标原点对机床坐标原点的移位；(b) 定位点设置

如图 7-18（a）所示,在网格孔系平台上,选择一个精密的孔为基准点 W_2。通常它在夹具的左下角处。此孔的位置要便于机床位置测量,以便测出其在机床上的坐标位置。如图 7-20 所示,在夹具的一端,用一个衬套孔的中心为基准点 W_2,并标注出其至定位点的距离,以便编程。此孔在机床上的坐标位置数值,也可用机床位置测量获得。

图 7-20　数控铣床上的基准点
1—专用夹具；2—定位元件；3—工件；4—夹紧装置

二、数控机床的夹具系统

数控机床对夹具的要求是小型化、自动化、系列化和柔性化。设计重点是提高劳动生产率,降低生产的总成本。与普通夹具相似,数控机床夹具系统也包括通用夹具、通用可调夹具、组合夹具、成组夹具、拼装夹具、专用夹具等六类,其不同的是数控机床夹具的精度和自动化程度更高,夹具上应根据需要设置夹具零点 W_2 和工件零点 W。

如图 7-21 所示,为通用角铁在卧式加工中心上的应用。箱体工件装夹在角铁上,镗削平行孔系。

如图 7-22 所示为用于数控铣床的虎钳,图中分别表示了夹具的零点 W_2 和工件的零点 W。

图 7-21 T 形槽角铁　　　　图 7-22 虎钳上的基准点

如图 7-23 所示为用于数控车床的动力卡盘。在高速车削时，平衡块 3 所产生的离心力经杠杆 4 给卡爪 1 一个附加的力，以补偿卡爪夹紧力的损失。卡爪由活塞 12 经拉杆 6 和楔槽滑块 7 的作用将工件夹紧。

图 7-23 中空式动力卡盘

(a) 动力卡盘原理；(b) 动力卡盘液压缸；(c) 动力卡盘结构

1—卡爪；2—T 形块；3—平衡块；4—杠杆；5—连接螺母；6—拉杆；7—楔槽滑块；
8—法兰盘；9—盘体；10—卡爪座；11—盖；12—活塞

如图 7-24 所示的通用可调夹具，用于装夹以两孔一面定位的箱体零件。两转盘 2 上的插销 3 可调整，圆周调整经轴 5、蜗杆 6 传动蜗轮实现；直线调整经齿轮轴 7、滑板 4 实现，工作台上的 T 形槽中可配置夹紧机构。这类夹具适合一组相似的箱体零件的装夹。

图 7-24 通用可调夹具

1—工作台；2—转盘；3—插销；4—滑板；5—轴；6—蜗杆；7—齿轮轴

三、数控机床夹具的设计要点

数控机床使用的夹具一般比较简单，其设计原理与普通机床夹具是相同的。

1. 数控机床夹具设计要求

设计用于数控机床（NC）、加工中心（MC）、柔性制造系统（FMS）的夹具，应满足下列要求。

（1）夹紧机构或其他元件不能影响进给，加工部位要敞开。为保持工件在本工序中所有需要完成的待加工面充分暴露在外，夹具要做得尽可能敞开，因此要求夹持工件后夹具上一些组成件（如定位块、压块和螺栓等）不能与刀具运动轨迹发生干涉。夹紧机构元件与加工面之间应保持一定的安全距离，同时要求夹紧机构元件位置尽量降低，以防止夹具与加工中心主轴套筒或刀套、刃具在加工过程中发生碰撞。如图 7-25 所示零件用立铣刀铣削零件的六边形，若用压板机构压住工件的 A 面，则压板易与铣刀发生干涉；若夹压 B 面，就不影响刀具进给。

当在卧式加工中心上对工件的四周进行加工时，若很难安排夹具的定位和夹紧装置，则可以通过减少加工表面来留出定位夹紧元件的空间。图 7-26 所示为一箱体零件，可利用其内部空间来安排夹紧机构，将其加工表面敞开。

（2）为保持零件安装方位与机床坐标系及编程坐标系方向的一致性，夹具应能保证在机床上实现定向安装，还要求能使零件定位面与机床之间保持一定的坐标联系。

（3）夹具的刚性和稳定性要好。在考虑夹紧方案时，夹紧力应力求靠近主要支撑点，或在支撑点所组成的三角形内，并靠近切削部位及刚性好的地方，尽量不要在被加工孔的上方；尽量不采用在加工过程中更换夹紧点的设计；当必须在加工过程中更换夹紧点时，要特别注意不能因更换夹紧点而破坏夹具或工件的定位精度。

图 7-25 不影响进给的示例

图 7-26 敞开加工面的装夹示例

（4）装卸方便，辅助时间尽量短。由于加工中心效率高，装夹工件的辅助时间对加工效率影响较大，所以要求配套夹具在使用中也要装卸快而方便。

（5）对小型零件或工序不长的零件，可以考虑在工作台上同时装夹多件工件进行加工，以提高加工效率。例如，在加工中心工作台上安装一块与工作台大小一样的平板 [如图 7-27（a）所示]，该平板既可作为大工件的基础板，也可作为多个小工件的公共基础板。又如在卧式加工中心分度工作台上安装一块四周都可装夹一件或多件工件的立方基础板 [如图 7-27（b）所示]，可依次加工装夹在各面上的工件。当一面在加工位置进行加工的同时，另 3 面都可以装卸工件，因此能显著减少换刀次数和停机时间。

图 7-27 数控夹具上安装平板

（6）夹具结构简单。由于零件在数控加工中大都采用工序集中原则，加工的部位较多，同时批量较小，零件更换周期短，夹具的标准化、通用化和自动化对加工效率的提高及加工费用的降低有很大影响。

（7）减少更换夹具的准备、结束时间。夹具应方便与机床工作台面及工件定位面间的定位连接。加工中心工作台面上一般都有基准T形槽、定位孔；转台中心有定位圆；台面侧面有基准挡板等定位元件。可先在机床上设置与夹具配合的定位元件，在组合夹具的基座上精确设计定位孔，以便于与机床床面定位孔或槽对准来保证编程原点的位置。对于夹具定位件在机床上的安装方式，由于加工中心主要是加工批量不大的小批或成批零件，在机床工作台上会经常更换夹具，这样易磨损机床台面上的定位槽，且在槽中装卸定位件十分困难，也会占用较长的停机时间。为此，在机床上用槽定向的夹具，其定位元件常常不固定在夹具体上而固定在机床的工作台上，当夹具在机床上安装时，夹具体上有引导棱边的淬火套导向。固定方式一般用T形槽螺钉或工作台面上的紧固螺孔，用螺栓或压板压紧。夹具上用于紧固的孔和槽的位置必须与工作台上的T形槽和孔的位置相对应。

（8）减小夹具在机床上的使用误差。夹具上定位元件定位面的任何磨损以及任何污秽都会引起加工误差，因此，操作者在装夹工件时一定要将定位面擦干净。

2. 数控夹具的柔性化设计

夹具的柔性化设计主要包括：夹具基础件设计、定位元件设计、托盘设计、夹紧装置设计、传输装置设计等。

1）基础件的设计

拼装夹具的基础件有四方立柱、角铁、平台等。

（1）网格孔系四方立柱。如图7-28（a）所示为网格孔系四方立柱，立柱上有坐标孔系和螺孔，在其平面上可拼装各种元件和组合件。坐标孔系的定位孔可用作编程零点。网格孔系四方立柱可用于多工位数控加工中。

（2）T形槽四方立柱。如图7-28（b）所示为T形槽四方立柱，立柱上有精密T形槽，用以连接和紧固各种元件。T形槽四方立柱可用以多工位数控加工。

（3）网格孔系角铁。如图7-28（c）所示为网格孔系角铁，它的结构设计与网格孔系四方立柱相同。在其底面上设计了定位孔，以便于夹具与数控机床工作台连接定位。

图7-28 拼装夹具的基础件

(a) 网格孔系四方立柱；(b) T形槽四方立柱；(c) 网格孔系角铁

(4）矩形平台。如图 7-29 所示为矩形平台。平台上有精密 T 形槽，用作连接和紧固各种元件。B—B 剖视图所示是按坐标分布的定位孔系，用作元件连接的定位用。可选其中一孔为编程零点。定位孔尺寸公差等级为 IT7，两孔中心线的孔距精度为 ±0.02 mm。C—C 剖视图所示的辅助连接孔，用于平台与机床工作台的连接紧固。D—D 剖视图所示的定位孔用于夹具与数控机床工作台中心对定。平台底面有两个定位孔，用于夹具与工作台的连接定位。

图 7-29　矩形平台

a—衬套；b—防尘罩

2）定位元件的设计

典型的定位元件应有高的柔性，以便调整、更换、重复使用。常见的结构有各种可调支承、可调支承板和可调 V 形块等。按成组工艺要求，也可采用典型零件族的专用定位元件。工件的定位应符合六点定位规则。

3）夹具的拼装

下面举两个例子说明夹具的拼装。

如图 7-30（a）所示为加工中心的拼装夹具，用于加工壳体零件族。网格孔系角铁用圆柱销、六角螺钉连接固定在网格孔系平台上。专用定位元件拼装在网格孔系角铁上。拼装的原理与组合夹具相同。

图 7-30　拼装夹具的应用

(a) 加工中心用拼装夹具；(b) 数控线切割机床用的拼装夹具

1—网格孔系角铁；2—专用定位元件；3—网格孔系平台；4—压板；5—支承件；6—基础板

如图 7-30（b）所示为数控线切割机床用的拼装夹具。夹具主要由基础板和支承件拼装而成。此夹具的柔性化较高，可用于圆柱形、矩形零件的装夹，调整拼装也较方便。

4）托盘的设计

如图 7-31（a）所示的加工中心中使用多个托盘。其中一托盘在回转工作台上，另一托盘则在输入工作台上，交替使用，可减少机床等工时间。图 7-31（b）所示为随行托盘，托盘上有两种尺寸的台阶槽，可连接或紧固各种元件或组件。托盘侧面的螺孔也用于紧固夹具元件。这类托盘的柔性化程度很高。

图 7-31 柔性化托盘的设计

(a) 加工中心；(b) 托盘

1，2—工作台；3，5—随行托盘；4—回转工作台

5）夹紧装置的柔性化设计

夹紧装置的设计目标是自动化和柔性化。图 7-32 所示为数控铣镗床的夹紧装置，采用液压动力装置使压板在工件的下部夹紧。夹具为敞开式的，以满足在数控机床上在几个方向上对工件加工。液压装置的压力较高，可获得较大的夹紧力。在加工中心上，由于切削力的不断变化，故要求动力装置所输出的压力也是可变的。这种动力装置的压力适应切削力变化的柔性化系统，如图 7-33 所示。图中压板的夹紧力经传感器、放大电路、滤波器以及微机的计算，将信息传至控制阀，调节油路的压力，满足夹紧力控制的柔性化要求。

图 7-32 数控铣镗床夹具的夹紧装置

1，2，3—压板；4，5—液压缸

图 7-33 夹紧力控制系统

1—传感器；2—工件；3—液压缸；4—压板

>> 企业专家点评

> 第二重型机械集团公司黄亮高级工程师：随着机械制造技术的发展和现代机床设备的广泛应用，学生了解现代机床夹具的知识是十分必要的。现代机床夹具的发展方向主要表现为精密化、高效化、柔性化和标准化4个方面，对夹具的设计、使用和调试人员都有更高的要求，现在了解这方面的知识可以为今后在企业里的发展和继续学习打下基础。

习题与训练

7-1 现代机床夹具的发展方向是什么？

7-2 组合夹具有哪些特点？用于什么情况？

7-3 什么叫成组夹具？成组夹具由哪几部分组成？各有何功能？

7-4 什么叫通用可调夹具？有何特点？

7-5 随行夹具用于什么情况？

7-6 数控机床夹具的设计要求有哪些？

附 录

附录1 定位夹紧符号的标注

标注位置分类		独立		联动	
		标注在视图轮廓线上	标注在视图正面上	标注在视图轮廓线上	标注在视图正面上
定位点	固定式	∧	◇	∧∧	◇◇
	活动式	∧	◇	∧∧	◇◇
辅助支承		∧	◇	∧∧	◇◇
机械夹紧		↓	↓	↓↓	↓↓
液压夹紧		Y↓	Y↓	Y↓↓	Y↓↓
气动夹紧		Q↓	Q↓	Q↓↓	Q↓↓

示列：阿拉伯数字表示所限制的自由度数。

附录 2 机床联系尺寸

附表 2 图 1　CA6140、CA6240、CA6250 主轴尺寸

附表 2 图 2　C620-1、C620-3 主轴尺寸

附表 2 图 3　C6150 主轴尺寸

附表2 图4 铣床工作台及T形槽尺寸

mm

型号	B	B_1	l	m	L	L_1	E	m_1	m_2	a	b	h	c
X50	200	135	45	10	870	715	70	25	40	14	25	11	12
X51	250	170	50	10	1 000	815	95		45	14	24	11	12
X5025A	250		50		1 120					14	24	11	14
X5028	280		60		1 120					14	24	11	18
X5030	300	222	60		1 120	900		40	40	14	24	11	16
X52	320	255	70	15	1 325	1 130	75	25	50	18	32	14	18
X52K	320	225	70	17	1 250	1 130	75	25	45	18	30	14	18
X53	400	285	90	15	1 700	1 480	100	30	50	18	32	14	18
X53K	400	290	90	12	1 600	1 475	110	30	45	18	30	14	18
X53T	425									18	30	14	18
X60	200	140	45	10	870	710	75	30	40	14	25	11	14
X61	250	175	50	10	1 000	815	95	50	60	14	25	11	14
X6030	300	222	60		1 120	500		40	40	14	24	11	16
X62	320	220	70	16	1 250	1 055	75	25	50	18	30	14	18
X63	400	290	90	15	1 600	1 385	100	30	40	18	30	14	18
X60W	200	140	45	10	870	710	75	30	40	14	23	11	12
X61W	250	175	50	10	1 000	815	95	50	60	14	25	11	14
X6130	300	222	60	11	1 120	900		40	40	14	24	11	16
X62W	320	220	70	16	1 250	1 055	75	25	50	18	30	14	18
X36W	400	290	90	15	1 600	1 385	100	30	40	18	30	14	18

附表3 常用夹具元件的公差配合

元件名称	部位及配合		备 注
衬套	外径与本体 $\dfrac{H7}{r6}$ 或 $\dfrac{H7}{n6}$		
	内径 F7 或 F6		
固定钻套	外径与钻模板 $\dfrac{H7}{r6}$ 或 $\dfrac{H7}{n6}$		
	内径 G7 或 F8		基本尺寸是刀具的最大尺寸
可换钻套 快换钻套	外径与衬套 $\dfrac{H7}{g6}$ 或 $\dfrac{H6}{g6}$		
	内径	钻孔及扩孔时 F8	基本尺寸是刀具的最大尺寸
		粗铰孔时 G7	
		精铰孔时 G6	
镗套	外径与衬套 $\dfrac{H6}{h5}\left(\dfrac{H6}{j5}\right)$，$\dfrac{H7}{h6}\left(\dfrac{H7}{js6}\right)$		滑动式回转镗套
	内径与镗杆 $\dfrac{H6}{g5}\left(\dfrac{H6}{h5}\right)$，$\dfrac{H7}{g6}\left(\dfrac{H7}{h6}\right)$		滑动式回转镗套
支承钉	与夹具体配合 $\dfrac{H7}{r6}$，$\dfrac{H7}{n6}$		
定位销	与工件定位基面配合 $\dfrac{H7}{g6}$，$\dfrac{H7}{f7}$ 或 $\dfrac{H6}{g5}$，$\dfrac{H6}{f6}$		
	与夹具体配合 $\dfrac{H7}{r6}$，$\dfrac{H7}{h6}$		
可换定位销	与衬套配合 $\dfrac{H7}{h6}$		
钻模板铰链轴	轴与孔配合 $\dfrac{G7}{h6}$，$\dfrac{F8}{h6}$		

注：D 的公差带按设计要求决定。

附表4 常用定位元件配合举例

配合元件名称		图 例	配合元件名称		图 例
定位销和支承钉与其配合件的典型配合	定位销	$d(\frac{H7}{r6})$	活动支承件的典型配合	浮动锥形定位销	$d(\frac{H7}{g6})$ $D(\frac{H7}{m6})$
	菱形销	$d(\frac{H7}{n6})$		浮动V形块	$d(\frac{H7}{f7})$
	盖板式钻模定位销	$d(\frac{H7}{r6})$	可动元件的典型配合	滑动钳口	$H(\frac{H7}{h6})$ $L(\frac{H7}{f7})$
	支承钉	$d(\frac{H7}{n6})$		滑动V形块	$H(\frac{H7}{f7})$ $L(\frac{H7}{h6})$
	可换定位销	$d(\frac{H7}{h6})$ $d(\frac{H7}{h6})$		滑动夹具底板	$L(\frac{H8}{d9})$ $L(\frac{H8}{d6})$ $H(\frac{H7}{f7})$ $H(\frac{H7}{f7})$
	大尺寸定位销	$Df7$ $d(\frac{H7}{h6})$			

213

续表

配合元件名称		图例	配合元件名称	图例
固定元件的典型配合	钻模板		偏心夹紧机构	
	对刀块			
	固定V形块		联动夹紧压板	
夹紧件的典型配合	柱塞夹紧装置		双向夹紧压板	
	偏心夹紧机构		切向夹紧装置	

续表

配合元件名称		图 例	配合元件名称		图 例
夹紧件的典型配合	钩形压板	$d(\frac{H9}{f9})$	分度定位机构的典型配合	分度插销	$D(\frac{H7}{n6})$ $d(\frac{H7}{n7})$
分度定位机构的典型配合	分度转轴	$d_1(\frac{H7}{n6})$ $D(\frac{H7}{r6})$ $d(\frac{H7}{g6})$	辅助支承的典型配合	辅助支承	$D_2(\frac{H7}{n6})$ $d(\frac{H7}{s6})$ $D_1(\frac{H8}{f9})$ $D_3(\frac{H9}{f9})$ $D_4(\frac{H7}{k6})$ $d_1(\frac{H7}{n6})$
	分度定位销	$d(\frac{H7}{g6})$ $d_1(\frac{H11}{h11})$ $D(\frac{H7}{n6})$	其他典型配合	铰链钻模板	$d(\frac{H7}{h6})$ $d_1(\frac{H7}{n6})$ $L(\frac{H7}{g6})$ $d_2(\frac{H7}{h6})$
	杠杆式定位销	$d(\frac{H7}{f6})$ $d_1(\frac{H8}{h8})$ $d(\frac{H7}{n6})$ $D(\frac{H7}{g6})$			

附录5 固定式定位销（GB/T 2203—1991）

mm

D	H	d		D_1	L	h	h_1	B	b	b_1
		基本尺寸	极限偏差 r6							
>3～6	8	6	+0.023 +0.015	12	16	3	—	D−0.5	2	1
	14				22	7				
>6～8	10	8	+0.028 +0.019	14	20	3		D−1	3	2
	18				28	7				
>8～10	12	10		16	24	4				
	22				34	8				
>10～14	14	12		18	26	4	1	D−2	4	3
	24				36	9				
>14～18	16	15		22	30	5				
	26				40	10				
>18～20	12	12	+0.034 +0.023		26		2			
	18				32					
	28				42					
>20～24	14	15			30			D−3	5	
	22				38					
	32				48					
>24～30	16	18		—	36	—		D−4		
	25				45					
	34				54					
>30～40	18	22	+0.041 +0.028		42		3	D−5	6	4
	30				54					
	38				62					
>40～50	20				50				8	5
	35				65					
	45				75					

注：D 的公差带按设计要求决定。

附 录

附录6 麻花钻的直径公差

mm

钻头直径D	用于精密机械和仪表制造业的钻头			一般用途的钻头			钻头直径D	用于精密机械和仪表制造业的钻头			一般用途的钻头		
	偏差		公差	偏差		公差		偏差		公差	偏差		公差
	上偏差	下偏差		上偏差	下偏差			上偏差	下偏差		上偏差	下偏差	
0.25~0.5				0	-0.010	0.010	>6~10	0	-0.022	0.022	0	-0.036	0.036
>0.5~0.75	0	-0.009	0.009	0	-0.015	0.015	>10~18	0	-0.027	0.027	0	-0.043	0.043
>0.75~1	0	-0.011	0.011	0	-0.020	0.020	>18~30	0	-0.033	0.033	0	-0.052	0.052
>1~3	0	-0.014	0.014	0	-0.025	0.025	>30~50	0	-0.039	0.039	0	-0.062	0.062
>3~6	0	-0.018	0.018	0	-0.030	0.030	>50~80	0	-0.046	0.046	0	-0.074	0.074

附录7 扩孔钻的直径公差

mm

扩孔钻直径D基本尺寸	D基本尺寸的公差		
>3~6	-0.125 -0.150	-0.05 -0.085	+0.05 +0.025
>6~10	-0.130 -0.160	-0.05 -0.085	+0.06 +0.03
>10~18	-0.210 -0.245	-0.060 -0.100	+0.07 +0.035
>18~30	-0.245 -0.290	-0.070 -0.120	+0.08 +0.04
>30~50	-0.290 -0.340	-0.08 -0.14	+0.10 +0.05
>50~80	-0.350 -0.410	-0.10 -0.175	+0.12 +0.06

附录8 铰刀的直径公差

mm

铰刀直径D基本尺寸	H7级精度铰刀			H8级精度铰刀			H9级精度铰刀			磨损	
	上偏差	下偏差	公差	上偏差	下偏差	公差	上偏差	下偏差	公差		
1~3	+0.008	+0.004	0.004	+0.010	+0.006	0.004	+0.013	+0.006	0.007	-0.002	
>3~6	+0.010	+0.005	0.005	+0.013	+0.008	0.005	+0.016	+0.008	0.008	-0.003	
>6~10	+0.012	+0.006	0.006	+0.016	+0.009	0.007	+0.020	+0.010	0.010	-0.04	
>10~18	+0.015	+0.007	0.008	+0.020	+0.011	0.009	+0.024	+0.012	0.012	-0.005	
>18~30	+0.017	+0.008	0.009	+0.024	+0.013	0.011	+0.030	+0.015	0.015	-0.06	
>30~50	+0.020	+0.009	0.011	+0.028	+0.016	0.012	+0.035	+0.018	0.017	-0.007	
>50~80	+0.024	+0.010	0.014	+0.033	+0.019	0.014	+0.040	+0.020	0.020	-0.008	

附录9　快换钻套（GB/T 2265—1991）

mm

d 基本尺寸	d 极限偏差 F7	D 基本尺寸	D 极限偏差 m6	D 极限偏差 n6	D_1	D_2	H		h	h_1	r	m	m_1	α	t	配用螺钉 GB/T 2268
>0~3	+0.016 +0.006	8	+0.015 +0.006	+0.010 +0.001	15	12	10	16	—	8	3	11.5	4.2	4.2	50°		M5
>3~4	+0.022 +0.010																
>4~6		10			18	15	12	20	25			13	6.5	5.5		0.008	
>6~8	+0.028 +0.013	12	+0.018 +0.007	+0.012 +0.001	22	18				10	4	16	7	7			M6
>8~10		15			26	22	16	28	56			18	9	9			
>10~12		18			30	26						20	11	11			
>12~15	+0.034 +0.015	22	+0.021 +0.008	+0.016 +0.002	34	30	20	36	45			23.5	12	12	55°		
>15~18		26			39	35						26	14.5	14.5			
>18~22		30			46	42				12	56	29.5	18	18			M8
>22~26	+0.041 +0.020	35	+0.025 +0.009	+0.018 +0.002	52	46	25	45	56			32.5	21	21			
>26~30		42			59	53						36	24.5	25		0.012	
>30~35		48			66	60	30	56	67			41	27	28	65°		
>35~42	+0.050 +0.025	55			74	68						45	31	32			
>42~48		62			82	76				16	7	49	35	36			M10
>48~50		70	+0.030 +0.011	+0.021 +0.002	90	84	35	67	78			53	39	40	70°		
>50~55	+0.060 +0.030															0.040	
>55~62		78			100	94	40	78	105			58	44	45			
>62~70		85			110	104	40	78	105			63	49	50	70°		
>70~78	+0.060 +0.030	95	+0.035 +0.013	+0.025 +0.003	120	114				16	7	68	54	55			M10
>78~80					130	124	45	89	112			73	59	60	75°	0.04	
80~85	+0.071 +0.036	105															

注：1. 当作铰（扩）套使用，d 的公差带推荐如下：
采用 GB 1132、GB 1133 铰刀，铰 H7 孔时取 F7；铰 H9 孔时取 E7。
铰（扩）其他精度孔时，公差带由设计选定。
2. 铰（扩）套标记示例：$d = 12$ mm 公差带为 E7、$D = 18$ mm 公差带为 m6、$H = 16$ mm 的快换铰（扩）套为
铰（扩）套 12E7×18m6×16 GB/T 2265。

附录10 定位键（GB/T 2206—1991）

mm

B			B_1	L	H	h	h_1	d	d_1	d_2	相配件				h_2	h_3	螺钉 GB 65
											T形槽宽度	B_2					
基本尺寸	极限偏差 h6	极限偏差 h8									b	基本尺寸	极限偏差 H7	极限偏差 js6			
8	0 −0.009	0 −0.022	8	14	8	3	3.4	3.4	6	—	8	8	+0.015 0	±0.004 5	4	8	M3×10
10			10	16			4.6	4.5	8		10	10					M4×10
12			12	20			5.7	5.5	10		12	12	+0.018 0	±0.005 5		10	M5×12
14	0 −0.011	0 −0.027	14								14	14					
16			16	25	10	4	6.8	6.6	11		(16)	16			5	13	M6×16
18			18								18	18					
20	0 −0.013	0 −0.033	20	32	12	5					(20)	20	+0.021 0	±0.006 5	6		
22			22								22	22					
24			24	40	14	6	9	9	15		(24)	24			7	15	M8×20
28			28		16	7					28	28			8		
36	0 −0.016	0 −0.039	36	50	20	9	13	13.5	20	16	36	36	+0.025 0	±0.008	10	18	M12×25
42			42	60	24	10					42	42			12		M12×30
48			48	70	28	12					48	48			14		M16×35
54	0 −0.019	0 −0.046	54	80	32	14	17.5	17.5	26	18	54	54	+0.030 0	±0.009 5	16	22	M16×40

注：1. 尺寸 B_1 留磨量 0.5 mm 按机床 T 形槽宽度配作，公差带为 h6 或 h8。
2. 括弧内尺寸尽量不采用。

附录11 常用定位元件的材料及热处理

	名 称	推荐材料	热处理要求
定位元件	支承钉	$D \leqslant 12$ mm，T7A $D > 12$ mm，20 钢	淬火 60~64 HRC 渗碳深度 0.8~1.2 mm，淬火 60~64 HRC
	支承板	20 钢	渗碳深度 0.8~1.2 mm 淬火 60~64 HRC
	可调支承螺钉	45 钢	头都淬火 38~42 HRC $L < 50$ mm，整体淬火 33~38 HRC
	定位销	$D \leqslant 16$ mm，T7A $D > 16$ mm，20 钢	淬火 53~58 HRC 渗碳深度 0.8~1.2 mm，淬火 53~58 HRC
	定位心轴	$D \leqslant 35$ mm，T8A $D > 35$ mm，45 钢	淬火 55~60 HRC 淬火 43~48 HRC
	V形块	20 钢	渗碳深度 0.8~1.2 mm 淬火 60~64 HRC

续表

名　称		推荐材料	热处理要求
夹紧元件	斜楔	20钢或45钢	渗碳深度0.8~1.2 mm， 淬火58~62 HRC　淬火43~48 HRC
	压紧螺钉	45钢	淬火38~42 HRC
	螺母	45钢	淬火33~38 HRC
	摆动压块	45钢	淬火43~48 HRC
	普通螺钉压板	45钢	淬火38~42 HRC
	钩形压板	45钢	淬火38~42 HRC
	圆偏心轮	20钢或优质工具钢	渗碳深度0.8~1.2 mm 淬火60~64HRC　淬火50~55 HRC
其他专用元件	对刀块	20钢	渗碳深度0.8~1.2 mm 淬火60~64 HRC
	塞尺	T7A	淬火60~64 HRC
	定向键	45钢	淬火43~48 HRC
	钻套	内径≤26 mm，T10A 内径>25 mm，20钢	淬火60~64 HRC 渗碳深度0.8~1.2 mm 淬火60~64 HRC
	衬套	内径≤25 mm，T10A 内径>25 mm，20钢	淬火60~64 HRC 渗碳深度0.8~1.2 mm 淬火60~64 HRC
	固定式镗套	20钢	渗碳深度0.8~1.2 mm 淬火55~60 HRC
夹具体		HT150或HT200 Q195，Q215，Q235	时效处理 退火处理

参 考 文 献

[1] 薛源顺. 机床夹具设计 [M]. 北京：机械工业出版社，2000.
[2] 王启平. 机床夹具设计 [M]. 哈尔滨：哈尔滨工业大学出版社，2010.
[3] 李庆寿. 机床夹具设计 [M]. 北京：机械工业出版社，1983.
[4] 吴拓. 机床夹具设计 [M]. 北京：机械工业出版社，2009.
[5] 杨金凤. 数控加工工艺装备 [M]. 北京：机械工业出版社，2010.
[6] 肖继德，陈宁平. 机床夹具设计 [M]. 北京：机械工业出版社，2000.
[7] 张权民. 机床夹具设计 [M]. 北京：科学出版社，2006.
[8] 徐发仁. 机床夹具设计 [M]. 重庆：重庆大学出版社，1991.
[9] 王光斗，王春福. 机床夹具设计手册 [M]. 上海：上海科学技术出版社，2002.